1945年8月3日早朝
横浜戦災者拓北農兵隊が辿り
着いた北長沼駅(現在は廃線)

拓北農兵隊　戦災集団疎開者が辿った苦闘の記録＊目次

3章　入植者が語る苦闘の記録

4章　入植地・長沼での体験

5章　戦争に翻弄された戦災集団疎開者

プロローグ――1945年・夏景色

上野発の夜行列車おりた時から
青森駅は炎の中
北へ行く人の群れは誰も無口で
爆音だけをきいている
私も皆と連絡船に乗り
ふるえながら夜空見つめ泣いていました
ああ　津軽海峡　夏景色

一九四五年夏、北方のこの地は冷害に見舞われていた。

日本がアジア太平洋戦争で無条件降伏する直前、未だ硝煙漂う横浜を発った私たち一団は、空襲下の津軽海峡を渡って北の大地、北海道夕張郡長沼村に辿り着いた。冷害・凶作にもかかわらず、村長をはじめ小学生たちの出迎えを受け、牛乳と赤飯の接待に預かった。一団は、このときのご馳走ほどありがたく、また嬉しかったことを、今もって忘れないという。

だが、当時五歳だった私は、この味をまったく覚えていない。当時のことを覚えているのは、「疎開者」という言葉であった。この言葉には、なぜか子どもながらにも肩身の狭くなる響きがあった。こうした微かな想い出をもとに、私たち戦争被災者が集団帰農者となって辿った途を追ってみたい。

一九四五年五月二九日、米軍による横浜大空襲によって焼け出され、私たちの生活は根底から破壊された。そして、戦災集団疎開者となって北海道へと渡った。私たち一家は、なぜ、見知らぬ激寒の地へと渡ったのか。いろいろ調べて行くと、そこには戦災者北海道集団帰農という戦時緊急開拓の政策があった。その名も「拓北農兵隊」といい、戦争被災者を「開拓戦士」として北海道へ送り込むものであった。

北の朝空　希望に明けて
ゆくよわれらの　開拓戦士
拓く沃土に　新生活の

君に幸あれ　栄えあれ

上野駅、右端のホーム。戦時体制の送迎制限下、どよめきの混雑もなく、壮途を励ますか、一団のこの歌声のなか汽笛ははげしく鳴りひびいて、午後四時二十五分、臨時列車は北を目指し、帰農者の集団は住みなれた東京をあとにした。

それは戦争苛烈をきわめた昭和二十年七月六日のことである。

このような書き出しで始まる青野正男『あら山——戦災・疎開者四半世紀の記録』（北書房刊、一九七一年）は、東京大空襲によって戦災・疎開者となった一家が第一次拓北農兵隊として北海道へ渡り、夕張郡角田村栗山に入植してマサカリを振るい、地に鍬を打ち込み、開墾に生きぬいた二五年の記録をまとめたものである。筆舌に絶する入植の辛苦を記録した拓北農兵隊に関する単行本のうち、自らの体験を記録した最初の本である。

上記の詞は「開拓戦士」を励ます「拓北農兵隊を送る歌」の一番目の歌詞で、作詞は勝承夫、作曲は服部正による。送る側が歌ったという。なお、送られる側は

山野みどりに　輝きて

沃土果てなき　北海道
祖国の危急　救わんと
我らいで立つ　開拓の
希望に燃ゆる　新天地

と「拓北農兵隊の歌」を唱ったという（作詞・作曲者とも同じ）。

アジア太平洋戦争における「五族協和・王道楽土」の建設を旗印にした「満蒙開拓団」についてはよく知られているが、この「拓北農兵隊」についてはほとんど知られていない。岩波書店の『近代日本総合年表』はもとより、東京都編集の『東京都戦災史』や横浜の空襲を記録する会編『横浜の空襲と戦災』（全六巻）にも載っていない。

まず、この「拓北農兵隊」とはどういうものであり、誰によって、どのように計画・実施されていったのか。そして、のちに無責任きわまる開拓計画であり、「棄民」政策とも評されたその実態に迫ってみたい。

なお、私たち一家も拓北農兵隊の神奈川隊に加わって北海道へ渡ったが、入植した長沼では、この「拓北農兵隊」を「拓北農民団（横浜戦災疎開者）」（『長沼町の歴史』）とか、「横浜戦災者拓北農兵隊」（『長沼町九十年史』）として紹介している。

1章

その名も拓北農兵隊

1　祖国の危急救わんと

一九四五（昭和二〇）年七月六日の午後、東京下谷区にある桜丘国民学校校庭において、戦災者北海道集団帰農の第一次壮行会が執り行われた。司会者の号令で宮城遙拝したあと、西尾寿造東京都長官がこう宣言した。

「帝都戦災者の北海道開拓集団帰農者を『拓北農兵隊』と命名す」

ここに、初めて「拓北農兵隊」なる言葉が公にされたのだった。

東京都長官の挨拶の後、第一次隊員を代表して、石狩支庁に入植する江別隊隊長の佐藤国松は、次のように力強く宣言した。

われら拓北農兵隊は国家存亡の重大時期にあるを深く胸に収め、食糧増産の重大性に鑑み、御訓辞を拝し、挺身国家の要請にこたえ、農の大本に帰し、もって農兵たるの本分を全うせんことを期します。

次いで、警視総監になったばかりの町村金五が、次のように挨拶した。「諸君は昭和の屯田兵である。私は諸君の先輩で明治の屯田兵の息子らと幾多の辛酸をなめて今日におよんだ。どうか戦災の怒りを忘れず、成功するまでは津軽海峡を渡らぬ覚悟で頑張ってもらいたい」。

続いて、戦災者北海道開拓協会の千石興太郎会長が、「あなたたち拓北農兵隊の来道を、道民は準備を終え、お待ちしている」と、歓迎の挨拶をした。

この拓北農兵隊の創設に深く関わった町村金五や千石興太郎らとともに、実質上の産みの親ともいうべき重要な人物がいた。雪印乳業の創業者、黒澤酉蔵である。

当日、黒澤酉蔵も第一次の一行二〇一戸、九五三人とともに北海道へ帰り、現地案内を務めた。彼はそのうちの東京世田谷区からの一行一七世帯に付き添って国鉄野幌駅まで行き、「ただただ皆さんのお子さんのために、お孫さんのために勇気をもって頑張って下さい。着物もない、食物も不自由なこれからの生活に、もしも望みを失ってのらくらものになるようなことがあってはなりません。北海道の昔の開拓者は今とは比較にならないほどの困難と闘って来ました。どうか元気を出して下さい。頑張って下さい。ご相談があればいつでも私のところへお出かけ下さい」と、励ましたのだった（『北海道開発回顧録』一九九頁）。

戦災者が北の大地へと向かうに当たって、さまざまな勇ましい言葉がなげかけられたが、いったい拓北農兵隊とはいかなるものなのか。この拓北農兵隊の産みの親であり、推進者であった黒澤酉蔵と警視総監町村金五の考えを、もう少しみてみよう。
黒澤酉蔵は先の『北海道開発回顧録』で、以下のようにのべている（二九二頁）。

私が戦災者の集団帰農を提唱した理由は意見書によってお判り頂けたと思いますが、直接のきっかけはあくまでも戦災者の救済というところにありました。とにかく、米軍B29の空襲は十九年の十一月二十四日以降はとどまるところを知らず、それは凄惨を極めたものでした。全く戦力も罪もない民間人が対象になるのですから、気の毒で気の毒で見ていられんのですよ。住み家を失い、職を失った何万、何十万という人が、焼け出され、傷つき、殺されて行くのです。私はむごい仕打ちに、アメリカの残虐極まる行動に激しい怒りのこみ上げてくるのを抑えることはできませんでした。

かといって、ただ戦災者の救済を叫んでもそれは通用しない時代です。私は救国建白書を持参したその足で、東京の状況をよく調べ、このような不幸な放心状態にある人々を励ますには北海道へ呼ぶ以外にはない、と心に決めました。当座、雨露をしのぐ住宅と食べ物を与える以外に救済の道はないが、かといってそのままでは通らない。そこで私は救国建白書で打ち出した「戦力増強」「食糧増産」ともう一つ「戦災者救済」の三つをいっきょに解決する方策として拓北農兵隊創設の構想をまとめたのでした。

一方、町村金五は『町村金五伝』で、次のようにのべている（一五〇～一五一頁）。

羅災者にどのようにして食糧を届けるか、住居をどうするかなどで、警視庁も頭を痛めていた。地方に疎開させるといっても、東京というところは古い人が増えてしまって、もう郷里がなくなって、疎開先もない人は、焼けトタンを集めて、バラック住まいをしているという惨たんたる状態だった。

一方、たくさんの兵隊が召集されて、地方の農村は人手不足、工場も人が足りなくて困っている。たまたま、当時北海道の農業会長をしていたのが、私が以前から懇意にしていた黒澤酉蔵であった。

ある日黒澤酉蔵が、私のところへ来て「東京の羅災者の救護で大変苦労しているようだが、北海道は人手がなくて困っている。ぜひこの羅災者を北海道へ送ってくれんか」という話があった。

それは願ってもないことだと思い、早速管下の警察署長に命じて「農業は知らなくてもいいからまず北海道へ行って手伝ってもらいたい。北海道なら住まいもあるし、食べ物にもこと欠かないであろう。われわれ警視庁としては、大変努力はしていても、皆さんに十分食べさせることが出来ない。皆さんの中で北海道に行こうという人は、われわれが出来るだけあっせんの労を取る」ということで希望者を募らせた。

一九四五年二月に新潟県知事になったばかりの町村金五は、知事在任二ヵ月にして急遽警視総監に任命された。それは、東京大空襲により都庁も焼けて機能はマヒ状態となり、警視庁が帝都の陣頭指揮に立つことになったためである。治安はもとより、おびただしい被災者に対する救援や救護活動、バラックの建設、さらに毎日の空襲にも備えなければならず、このままでは暴動が起こるだろうとの噂も流れ、帝都の混乱はその極に達しつつあった。

一九四五年春ともなると、米軍は沖縄に上陸し住民を巻き込んだ地上戦が繰り広げられる一方、三月一〇日の東京、一二日の名古屋、一三日の大阪、一七日の神戸と主要都市が次々とB29による絨毯爆撃に曝された。とりわけ、三月一〇日の東京大空襲では一夜にして一〇〇万人以上の都民が命を失い、一〇〇万人が被災したのである。この被災者こそ、戦争難民となった人びとである。

ではなぜ、一般市民を巻き込んだ大量の戦争被災者が生み出されたのであろうか。

2　米軍B29爆撃機による大空襲

一九四一年一二月八日、日本軍の真珠湾奇襲攻撃で開戦した太平洋戦争も、半年後の一九四二年六月のミッドウェー海戦を契機に戦局は反転した。そして、一九四四年七月には、サイパン島などマリアナ諸島を米軍が日本軍から奪還し、グアム島に長距離爆撃機B29の基地が完成した。こうして日本全土への空爆が可能となった米軍は、同年一一月二四日、初めて首都東京を爆撃し、翌四五年三月四日までに二七回にわたって空襲を繰り返した。

それはナパーム焼夷弾を開発した米軍が、都市市街地へ大量に投下し、住民の居住地を焼き払い、一般市民を無差別殺戮するというものであった。「日本焼夷弾攻撃データ　1943年10月」では、日本の建物に用いられる建築資材の九〇パーセントが木材であり、焼夷弾で攻撃すれば火災で燃焼しやすい。さらに、木造住宅が密集する住宅街で大規模火災が起きると火災の自己増殖が始まって瞬く間に燃え広がり、日本の都市は焼夷弾攻撃の目標として最適であるとした。この計画にもとづき、障子張りの部屋をいかに効果的に焼き尽くすかの実験が繰り返し行われるなど、東京大空襲は時間をかけて綿密に準備されていたのだった。

三月九日から一〇日に日付が変わった零時から数分を過ぎたとき、低空で飛行してきたB29爆撃機二七九機は雨あられのように焼夷弾を投下した。折からの三月の強風に煽られて、三〇分も経たないうちに隅田川東側などの下町は火の海と化したのだった。

この東京大空襲に遭い、のちに拓北農兵隊として十勝支庁の音更村に入植した佐方三千枝の体験を紹介しよう（「開拓者の娘としての十三年」『文芸おとふけ』第四六号）。

黒い布を電灯にまき、ひっそりとした男手のない街にその夜も、うなるような空襲警報が響いた。一九四五年三月九日、東京、深川区木場。

四歳の私は、母に起こされ、防空頭巾を被り、眠い目をこすりながら、祖母の背中に負ぶさった。ヴァウーン、耳をさく様な音がしたかと思うと、ババーン、バリバリという木の裂けるような音もした。

〝近くの材木屋に焼夷弾が落ちたのかもしれない〟祖母と母の動きがはげしくなり、声を掛け合いながら外に出た。遠くの空は真っ赤だった。（怖い）と思った。祖母の背中にしがみついたまま〝おばあちゃん〟と呼んでみた。〝火の粉が飛んで来るから、頭巾を横に向けてごらん〟と、あえぎながら、でもいつもの優しい声が返ってきた。やっとの思いで頭巾を横に向けたとき、バリーンと大きな音を立てて耳のあたりに火の粉が飛びついてきた。刺されたような痛さと髪の毛が焼ける臭いがした。大声を出したらしい。振り向きざまに母が火を消してくれた。

どのくらい経っただろう。胸苦しい熱風を感じた。どうやら火に囲まれ、逃げ場を失ったようだ。

真っ赤な炎が風に煽られて押し寄せる。

祖母と母は道端にあった竪穴の防空壕に近くの防火用水を入れ、そこに飛び込んだ。次々と多くの人が飛び込んできた。一番底の泥水に、母は弟を、祖母は私を庇うように浸り、濡れタオルを口に巻いてくれた。

母たちは、後から入ってくる人の重みに堪えた。まもなく、唸りはじめる人もいた。熱い、苦しいという声が、悲痛な叫びとなり、やがて静かになった。今思うと、道路を舐めるように火が通りすぎたのだろう。間もなく、壕の底に人が落ちてきた。

一夜が明けた。祖母にいわれて這い上がって壕を出ると、電信柱が燃え、真っ赤な鉄板が飛んで行き、三月だと言うのに、陽炎が立つ道路は裸足には熱いくらいだった。地獄？　子供心にも、生きているのか死んでいるのかわからなかった。

〝みっちゃん〟と呼ぶ祖母の声がした。見ると、裂けた着物が雪袴からはみ出したまま髷が蓬髪のように崩れた祖母が呆けたように立っていた。近づこうとするが、足が重い。頬が腫れて目が見えない。でも、声だけを頼りに祖母の胸に倒れこんだ。母は火ぶくれの胸に弟を抱き、おっぱいを飲ませていた。振り返ると、防空壕には黒焦げの人が折り重なっていた。助かったのは、私たち四人だけだった。

〝空襲は怖くない、逃げずに火を消せ〟と、国防婦人会によって町内会の婦人たちがバケツリレーの防火訓練が強要されていた頃、アメリカはさらに綿密な計画を立てていた。

対日戦略爆撃計画では、空爆目標を日本全国二〇都市に選定し、さらに東京、川崎、横浜など一〇都市については焼夷弾爆撃の有効度によって地域を区分した。すなわち、一マイル四方当たりの人口密度九万一〇〇〇人、都市人口の二五パーセントを占める最有効地域では、一平方マイル当たり六トンの焼夷弾で焼き尽くすことが可能だとした。また、一マイル四方当たりの人口密度五万四〇〇〇人、都市人口の四六パーセントを占める有効地域では、一平方マイル当たり一〇トンの焼夷弾で焼き尽くすことが可能であるとしていた。こうして、三月一〇日の東京大空襲から一七日までの一週間に名古屋、大阪、神戸の大都市を次々と空爆した。

三月一二日未明、B29爆撃機二〇〇機による名古屋市の市街地に対する大規模空襲により、一〇万五〇九三人が罹災した。死者五一九人、負傷者七三四人に上り、家屋二万五七

米軍B29爆撃機から投下される焼夷弾

三四棟が被災し、市街の五パーセントが焼失した。

翌一三日二三時五七分から一四日三時二五分の三時間半にわたり、B29爆撃機二七四機が大阪に襲来し、先導機がナパーム弾を港区市岡の照準点に投下して大火災を発生させ、他の機はそれを目印に次々とクラスター焼夷弾（内蔵した四八箇の小型焼夷弾が空中で分散して落下する）を投下した。こうして中心市街地を焼き尽くしたこの空襲によって、死者三九八七人と六七八人の行方不明者が出た。

三月一七日の神戸空襲は、特に兵庫区や林田区など西神戸に大きな被害をもたらした。

このように焼き尽くしてもなお繰り返される空襲の恐怖におののきながら、飢えと寒さの中へ戦災者は次々と放り出されたのだった。しかし、新聞紙上には「逃げるな、守れ」、「疎開は抑制」、「国土を守れ」などの見出しが躍ったのだった。

3　戦禍・戦災者、そして集団帰農へ

この戦災者の惨状を作家の高見順は『敗戦日記』で、次のように書いている。

三月十二日

浅草へ行くべく東京驛で山の手線に乗りかえようとしてその歩廊に行くと、——罹災者の群れだ。まるで乞食のような惨澹たる姿に、息をのむ思いだつた。男も女も顔はまつさおで、そこへ火傷をしている。そうでなくても煙で鼻のあたりが眞黒になつていて、眼が赤くただれている。眉毛の焼けている人もある。水だらけのちゃんちゃんこに背負われた子供の防空頭巾の先がこげている。足袋はだしが多い。なかにははだしの人もいた。ぼろのようなものをさげている。何も持ち出せなかつたのであろう。満足なものを持つているものはない。

兄妹連れが一隅にうずくまつて、放心したように足もとに眼を落して、じつとしている。両親はどうしたのだらう。腹が減つて動けないのだらうか。眼が熱くなつた。

上野へ降りて、再び息をのんだ。驛前は罹災者でいつぱいだ。汽車で田舎に去ろうという人たちだ。焼け出されて、すぐそこへ來て、そうして、そこで夜明かしをして、汽車に乗れるのを待つている。みんな地べたにしやがみこんで、配給の握り飯を食べている。（中略）

○罹災民は二百萬人に達しているだらうという街の噂だ。罹災家屋二十五萬という。

○「あれは、どういうんだらう」とある人は言つた。小さな交番のなかに人がいつぱい詰つて死んでいるのがあつたという。
○鎧橋のところで、十五、六の女の子が、小さな弟妹を連れてトボトボと歩いていた。その女の子は、片眼をやられ、髪が焼けていた。小さな子たちもぼろをひきずつている。同じ罹災民らしいおかみさんが、何か話しかけていた。すると、女の子が「お父ちやんもお母ちやんも死んじやつたんだよ」と大きな聲で言つた。その聲が私の耳をうつた。連れられた小さな女の子が、腹が減つているのだらう、防空頭巾のヒモを口の中に入れて、しやぶつていた。深川の子だつた。深川、本所は一番ひどいという。
○中仙道は避難民と疎開者がぞろぞろとひきもきらず歩いてゐるそうだ。

延々と日記は五頁にもわたっている。そして、四月四日の日記には、「戦災」——新しくできた言葉だ、と書いている。

一九四四年一一月から苛烈になった東京への空襲は、翌四五年一月にはその規模もますます大きくなり、都内の被害も広範囲にわたってきた。このため政府は、一月一二日の閣議で従来の対策をいっそう強化するとともに、戦災者の地方への疎開計画を推し進めた。一月一九日に通達された「空襲対策緊急強化要綱」では、帝都より一五〇万人、その他の都市を含め三二〇万もの戦災者を疎開させる計画であった。

これに先立って、東京都は独自の地方移住計画を進め、縁故疎開や転出先のない人たちに対して、半ば強制的に集団疎開を実施した。『東京都戦災史』によると、敗戦までに長野、新潟、秋田、山形、福島、岩手県などへ五〇〇〇人が集団疎開した。

三月一五日には、「大都市ニ於ケル疎開強化要綱」が閣議決定され、これまで進められてきた防空対策からの疎開だけでなく、食糧対策の見地からの疎開の強化が打ち出された。すなわち、都市住民を地方農村に帰農させることによって、食糧増産という戦力強化を図ろうとするものであった。

4　産みの親・黒澤酉蔵の意図したもの

だが、食糧増産のための集団帰農計画も、行政レベルでは遅々として進まず、これに業を煮やしていち早く立ち上がったのが、先にものべた北海道興農公社社長で衆議院議員の黒澤酉蔵《とりぞう》（一八八五～一九八二年）であった。ここで、拓北農兵隊の産みの親であり、民間の戦災者北海道開拓協会を設立した黒澤酉蔵とは、どのような人物であったのか、少しふれておこう。

黒澤酉蔵

黒澤酉蔵は一八八五（明治一八）年に現在の茨城県常陸太田市（旧久慈郡世矢村）に生まれるも、家は貧しかった。東京で苦学中の一七歳のとき、田中正造の足尾銅山鉱毒事件の直訴に遭遇し、「いまどきこういう偉い人が世の中におるのか」と感動して、越中屋の鉱毒事務所に田中正造を訪ねた。そして、鉱毒被害地の惨状を聞き、さらに田中正造の人格に打たれ、その運動に献身することとなった。こうして北海道へ渡るまでの四年間、田中正造と行動を共にして被害地の青年の組織化や在京での運動に奔走した。

その間、警察に何度も逮捕され、六ヵ月ばかり前橋の監獄にもぶち込まれた。のちに田中正造の援助により京北中学で学ぶ間、平民社にも接近して大いに鉱毒問題を説いた。黒澤のこうした運動に対する献身と正直さ、気力に田中正造は脱帽したという。そして、京北中学卒業直前の一九〇五（明治三八）年に母親を失い幼い弟や妹を養うために働くことになり、卒業後北海道へ渡り牧畜に従事した。のち自営して、一九一五（大正四）年には札幌牛乳販売組合を結成して協同組合運動にかかわり、以来、各種協同組合連合会に関与して一九二三（大正一二）年には北海道畜牛研究会をつくり、「酪農こそ健土健民の母」

と説いた。

そして、一九二五（大正一四）年に雪印乳業の前身である北海道製酪販売組合を設立した。一九三五（昭和一〇）年頃から農業経済更正運動の中で農村での食生活改善、バター、チーズなど酪農食の一本化に尽力して、北海道興農公社を設立して社長に就任した。このように黒澤酉蔵は北海道酪農の指導者として、デンマーク式有産農業を力説し、実践したのであった。

その他、教育面では一九三三（昭和八）年に酪農義塾を創設して、それを母体に一九四二（昭和一七）年には興農義塾野幌機農学校を開設した。また、政治面では、同じく四二年に翼賛選挙において翼賛会推薦で衆議院議員となった。

こうして議員活動を続ける中、一九四五（昭和二〇）年四月に〝とにかく戦争である以上、百折千挫を凌いでも勝たねばならぬ〟という心構えで「救国建白書」を作成し、発足したばかりの鈴木貫太郎内閣に提出した。


戦局ノ現段階ニ鑑ミ絶対不敗ノ戦力増強ハ結局、食糧、航空機ノ飛躍的大増産ヲ敢行シ、国内自給自戦ノ確立ニ在ルハ言ヲマタザルトコロニ御座候。而シテ食糧ハ勿論航空燃料サエ農産物ニマタザルベカラザル今日、農業施策ノ成否ガ戦局最後ノ勝敗ヲ

決スル鍵ト被存候

つまり、戦争に勝つ、勝ちたいという気持ちは国民等しく抱いていた願望ではあるが、政府の考え方、やり方では気持ちはあっても力にはなりきらぬとの思いから、拓北農兵隊創設の構想を提出したのであった。

小磯内閣から代わったばかりの鈴木貫太郎総理をはじめ関係閣僚は、是が非でもやって欲しいとのことであったが、事務当局は積極的に取り組まなかった。業を煮やした黒澤酉蔵はそれでは民間の力でやろうと決意し、警視総監になりたての町村金五らの意見も聞きながら具体的な計画を練り上げ、五月一日付で北海道選出の全国会議員二〇名の連名で「戦災者戦力化に関する意見書」を政府に提出した。

他方、受け入れ側である北海道の農業界を代表して北海道農業会農政委員会が「北海道緊急食糧増産対策の要望書」を熊谷憲一北海道長官に提出したが、道内も深刻な労力資材不足で入植者の受け入れは、土地の選定だけでも大変な仕事で、お役人や役場もやりたがらないわけだから民間側はもっとやりたがらない、というのが本音であった。

このようにうまく行かないため五月末に全道の市町村農業会長会議を開いて、「農林疎開者受入応急措置要綱」を討議、決定してもらい、民間側の態勢を整えて役所を督励した。

こうして民間側からの要請を受けたかたちで、「北海道疎開者戦力化実施要綱」が五月三一日の政府次官会議で決定されたのである。

「第一　方　針

決戦下食糧増産ノ要アルハ言ヲ俟タザル處大陸トノ交通隔絶シタル場合ヲ考慮スルトキ北海道ニ於ケル食糧生産ニ俟ツ所大ナルモノアリ、北海道ニハ農業ニ於テ尚五十餘萬町歩ノ未利用地アリ、之ガ積極的ナル活用ヲ圖ルハ戦争遂行上眞ニ喫緊ノ急務ナリト謂フベシ、然ルニ京濱其ノ他ノ大都市ニ於ケル戦災者疎開者ノ數夥ダシキニ及ブノ實情ニ鑑ミ之ガ戦力化ヲ圖ルノ要アリ、之等ノ勞力ヲ北海道ノ食糧生産ニ挺身セシメンカ戦力ノ増強期シテ俟ツベキモノアリ且ハ之等戦災者、疎開者ノ生活ヲ安定セシメ以テ聖戦完遂ニ遺憾ナカラシメントスルモノナリ仍テ昭和二十年五月三十日閣議決定都市疎開者ノ就農に関スル緊急措置要綱ノ一環トシテ本要綱ヲ決定實施スルモノトス

第二　要　領

一、送　出

（一）送出ノ對象

左ノ各號に該當スル者（但シ離職者ニシテ北海道ノ拓殖農業ニ積極的ニ挺身シ戦力増強ニ貢献セントスル眞摯ナル熱意を有スル者ヲ送出セントス）
（一）戦災者（既ニ地方轉出シタル者ヲ含ム）
（二）疎開者（既ニ地方轉出シタル者ヲ含ム）
（三）離島引揚者（既ニ引揚ゲタル者ヲ含ム）
（二）送出戸數及人員
北海道ニ於ケル受入ノ施設設備等ヲ勘案シ一應第一次計畫トシテ左ノ戸數及人員ヲ目途トシ逐次送出ヲ行フモノトス
（一）世帯　五〇、〇〇〇戸　（二）人員　二〇〇、〇〇〇人
（三）送出方法
（一）送出ニ關シテハ内務省防空總本部農商省厚生省運輸省北海道廳戦災援護會等協力實施スルモノトス
（二）送出ニ關シテハ送出都府縣及北海道廳ハ募集送出等ノ具體的計畫ヲ樹立シ之ヲ實施スルモノトス
（三）送出ハ疎開者ノ自發的熱意ヲ昂揚シ指導ニ依リ實施スルモノトス
二、受入など以下略
」

次官会議においてこのように北海道へ五万戸・二〇万人を送り出すという計画が決定されたが、やはり、戦災者の救済ではなく、民政の安定と「聖戦完遂」のための食糧増産が緊急の課題であり、農業労働力（北海道新聞では「食糧増産戦士」と表現）として戦災者を活用するというものであった。

また、黒澤酉蔵の脳裏には、日本はまさに国難の名に価する重大局面にあり、本土決戦という声も出ていた頃なので、万一の場合にはこうした「農兵軍」の組織で国土防衛に立ち向かうことも可能ではないかという気持ちもあったと、回顧録でのべている（二九〇頁）。

そして、この集団帰農を実施するために民間の協力団体「戦災者北海道開拓協会」を設立し（六月八日）、委員長に全国農業会会長の千石興一郎、副委員長に藤山俊一郎、理事長に黒澤酉蔵が就任し、移住者の取り締まり、宣伝、あっせん、誘導、輸送のいっさいを戦災者北海道開拓協会が行うことを政府と取り決めた。

なお、戦災者北海道開拓協会の設立に当たっては、その費用はいずれ政府の寄付金が出る予定なので、北海道興農公社、北海道農業会から一〇万円ずつの寄付金と、戦災援護会の寄付五〇万円、計七〇万円でまかなった（『回顧録』二九七頁）。この点、毎日新聞社の『私たちの証言　北海道終戦史』では、設立に当たってはメンバーに徳川義親などを入れ、基金として三井報恩から一〇〇万円を出させたとある（二四二頁）。

以上が拓北農兵隊の創設者であり名付け親でもあった黒澤酉蔵の意図するところであるが、この開拓協会の専務をしていた田村民安は「大事業だから一応、道庁を中心に仕事を進めなければならなかったが、当時、道庁には人員不足で満足に技師もいない。もちろん、適地調査も十分でなく、どこにどんな土地があるかもわからない。そのときはいまでいう季節労務者として働いてもらう考えだったが、とにかく将来の見通しもなにもなかった」と述懐している。

5　送出に当たった詩人・更科源蔵の想い

こうして設立された戦災者北海道開拓協会へ専従三二人、兼任三三人の計六五人を北海道興農公社や北海道農業会から派遣したが、この中に北海道農業会の書記をしていた詩人の更科源蔵や作家の吉田十四雄らがいた。ここで、拓北農兵隊をめぐって黒澤酉蔵とともに重要な役割をすることになる更科源蔵（一九〇四〜一九八五年）についてのべよう。

更科源蔵は一九〇四（明治三七）年一月、北海道上川郡弟子屈村字熊牛原野に九人兄弟の末っ子として生まれた。父母は新潟県からの農業移民である。東京・麻布獣医畜産学校を中退して帰郷後、小学校代用教員、印刷業、開拓生活の中で詩誌『至上律』『北緯五十度』

を編集・発行し、第一詩集『種薯』によって詩壇に注目されるところとなった。

一九四〇（昭和一五）年札幌に転居。進歩的農学者、評論家などの集まりである「五の日の会」に加わり、その筋から睨まれる。伊藤整、高村光太郎らと交流しながら北大新聞の編集に携わるも、太平洋戦争の勃発で北大新聞を追われる。その後、北海道農業会に勤務し、北海道畜産史の編集に従事した。この間、『コタン生物記』や第二詩集『凍原の歌』、童話集『北の国の物語』などを出版する。

しかし、非国民的思想の持ち主として詩人の集団から除外され、常に身辺に検束の不安がつきまとった。こうした折、一九四五年六月、集団帰農者受け入れのため北海道農業会から東京へ派遣された。上京することとなった更科源蔵は、この仕事に立ち向かうにあたって、正直な気持ちを綴っている（『滞京日記　昭和二十年』六頁）。

昭和二十年六月二十三日
あまり急なので留守中のことも心配だがそれはそれで何とかなるだらう。この話を二十日に言はれたとき戦ふ祖国の一線に近いところで働けるといふ日本人らしい亢奮と、歴史的な帝都の姿とそこで鉄火と戦ふ日本人の姿とを見たいといふ少し悪趣味も手伝つて、あたりの人が心配するやうな危険などは少しも感じられなかつた。それよ

更科源蔵

りも戦災者を連れて来てどうするのだらうといふ不安の方が大きかつた。黒澤酉蔵の個人的な政治的野心と、それを取巻く連中の、音頭だけが大きく響いて来るが、実際に受け入れる農村の今年の天候や、したがつて直ちに響く食料事情それに戦災者がどんな決意を持つて来るだらう。

北海道は空襲がないから、食料があるから、そんな逃避的な気持で来たのではたまらない。特に黒澤一派の宣伝であればいゝことばかりを言つてたゞ数の多いことを主としてゐるにちがひない。それ等に対するむしろ正しく是正することの方に重要性があるやうに思ふ。会長の態度にも明かにそれがあつた。北海道農業の正しい実際の姿を話してほしい、その為にはよいことも悪いことも素直に戦災者に話して覚悟をもたしてよこしてほしいといふのが誠実のある態度である。

黒澤酉蔵の理想とその奔走ぶりに対しては疑問を呈しつつ、連れてくる側に責任があり、戦災者側にもそれなりの覚悟が必要だと強調している。

この時期、日独伊三国同盟を結んだイタリアとナチスドイツはすでに連合国に降伏し、日本は世界を相手に孤立して、戦争も大詰めを迎えつつあった。このような時に、東京大空襲をはじめとする米軍の空襲によって焼け出された大都市の戦災者のうち、五万戸、二〇万人を北海道へ集団帰農させる政策が実施されたのである。これが「拓北農兵隊」と呼ばれるもので、明治の北海道開拓での屯田兵制度と同じ発想であり、軍隊組織をまねてはいるが、実際は北海道の辺地へ戦争難民を送り込む方便であった。

「集団帰農者の栞」の中に「一ヶ年位は隊組織で訓練」という項目があり、「現在北海道の農村組織は明治初年に於ける屯田兵と同様な義勇農兵隊組織の下に結ばれつつあるのであるから移住に当たつても隊を組織して統制ある行動をするのは勿論、訓練期間中も隊組織のもとに指導訓練と世話をし、お互ひに相助の生活を旨として進むものである」とのべている。しかし、現地に入植した集団帰農者が隊組織で訓練されることはなかった。

このように拓北農兵隊といういさましい名前とは裏腹に、募集の申込先となった区役所、警察署、勤労動員署、開拓協会事務所などでは一人でも都市から戦災者を追い出したいために、〝北海道へ行って一年がんばれば一〇町歩の大自作農として自給自足ができ、農具も種子もタダでもらえる、食糧も住宅も保証されている、じゃがいも、バター、鮭、蟹なども腹一杯食べられる〟と、飢えた戦災者がよだれを垂らしそうな話で勧誘し、北海道は理想郷であるかのようなイメージを植えつけた。しかし、いざ入植地に来てみると、第三章で詳しくのべるように、行った先は泥炭地で住む家もなく、聞くと見るのとでは大違いで、〝だまされた、棄てられた〟という過酷な現実に投げ込まれた。

この拓北農兵隊の悲惨な運命と窮乏生活の実態を、北海道上川の大雪山麓に入植した人びとの生活の中に入り込み、その体験をまとめた開高健の小説『ロビンソンの末裔』は、作中の主人公をして「私たちはゴミ箱へゴミを捨てられるような調子で、こんな北海道くんだりへ〝善処〟されてしまった」、といわしめた。

以下、米軍による大空襲によって戦争難民となった人びとが、開拓戦士としてどのように北海道へ渡ったかを、具体的にみてみよう。

2章

集団帰農はどう推し進められたか

1　動き出した内務省と送出目標

政府次官会議で「実施要綱」が決定された三日後の一九四五年六月三日、内務省人員疎開課から道庁に〝重要な打合せがあるから拓殖関係者を至急上京させよ〟という緊急連絡が入った。何事かと道庁経済部長と開拓課長、それに同課拓殖実習所係長の三人が東京の内務省へかけつけると、人員疎開課長から「東京周辺の戦災者を直ちに北海道に入植させるから、道庁はすぐ受け入れ準備をしてほしい」、と要請された。

これに対して道庁側は、入植させるといわれても測量、適地調査、道路建設、開墾、入植という順序をふむには最低三年かかるのは常識で、しかも、農業にはまったく経験のない戦災者を入植させるのだから、無茶な話であると一応ハネつけた。しかし、内務省側はガンとして聞かなかった。

当時のことを振り返って、北海道開拓課拓殖実習所係長だった佐藤平四郎は、「当時、北海道の農村は応召者の続出によって労働力が不足し、荒廃した田畑、いわゆる不作付地が一六万ヘクタールあるといわれていた。したがって、不作付地の援農というかたちでなら戦災者を受け入れることができると考えた。そして、来春を待って入植させようというわけだ。もっとも内務省には〝そんな回りくどいことをしているヒマはない。すぐ入植させる〟と押し切られたが、実際は援農しかできないとみられていたのだ」(毎日新聞社編『私たちの証言――北海道終戦史』二四一〜二四二頁)。

さらに、六月七日には防空総本部業務局長から東京都長官に対して、「北海道集団帰農者募集並ニ送出ニ関スル件」の依命通牒(防業二〇発第九二號)が出された。戦災疎開者の送出に当たっては、「北海道疎開者送出実施細目」により至急具体的計画を樹立し、完遂を期すよう依命するというものであった。

この「送出実施細目」には、送出目標の戸数並びに人員が具体的に記されている。

東北地方行政協議会	一二、〇〇〇戸	四八、〇〇〇人
四国　〃	一、〇〇〇戸	四、〇〇〇人
関東信越　〃	二七、〇〇〇戸	一〇八、〇〇〇人
東海北陸　〃	四、〇〇〇戸	一六、〇〇〇人
近畿　〃	四、〇〇〇戸	一六、〇〇〇人
中国　〃	一、〇〇〇戸	四、〇〇〇人
九州　〃	一、〇〇〇戸	四、〇〇〇人

合計　　　　　　　　五〇、〇〇〇戸　　二〇〇、〇〇〇人

そして、六月九日には「北海道集団帰農者募集要領」が「防人疎発第一五三號」として、東京都防衛局長・警視庁警務部長・警視庁勤労部長・警視庁経済警察部長から区長（含市所長）・地方事務所長・警察署長・勤労動員署長宛に出された。

募集期間は六月九日から七月末日までで、募集主体は北海道庁、警視庁、東京都、戦災者北海道開拓協会である。募集要項は、以下のとおりである。

北海道に集団帰農を為し食糧増産に挺身せんとする者を急募す

一　応募資格

真摯なる熱意を有し農耕に耐へ得る一五歳以上六〇歳未満の男子一人以上を含む家族及び単身男子

二　特　典

（イ）移住地迄の鉄道乗車及家族の輸送は無賃　（ロ）住宅の用意あり　（ハ）一戸当不取敢（とりあえず）一町歩の農地を無償貸与し将来は一〇町歩（水田適地は五町歩）乃至一五町歩の土地を無償貸与又は付与す　（ニ）農具及種子を無償給与す

集團歸農者の栞
北海道
戰災者北海道開拓協
來れ、沃土北海道へ
戰災を轉じて産業再編

集団帰農者の栞（『もうひとつの知床』所収）

（ホ）移住後の主食品の配給を確保す

（ヘ）生活困難なる者に対しては生活費一人に付月三〇円以内を六ヵ月補助す

三　申込場所

居住地の区役所　地方事務所　警察署国民勤労動員署

四　詳細なる相談案内は左記に於て之を為す

戦災者北海道開拓協会（丸ビル二階二六二区）

戦災者移動相談所　北海道庁東京事務所（内務省三階）

東京都　警視庁　北海道庁

戦災者北海道開拓協会

2　問答集を作成して募集を開始

いよいよ募集の開始に当たって、次のような問答集をつくって応対した。珍しい資料なので、全文はイロハからオまであるが、できるだけ紹介したい。

イ　私も応募したいと思いますが、勤まりませうか。
○中心になる方と、ご家族の決心次第です。五〇年、六〇年前に渡道した屯田兵とその家族が北海道農業を築きあげた道を今から辿る覚悟があれば勤まります。然し楽な道ではありません。

ロ　農業の経験がなくともよろしいでせうか。
○生じっか経験があるよりは素直に北方農業を学ぶ素人の方が却て良いとも考えます。府県の五反百姓や蔬菜作り程度の農業を考えて行かれると当てが違います。

ハ　北海道のどの辺に入るのでせうか。
○札幌を中心にする石狩平野、旭川を中心とする上川平野、帯広付近の十勝平野などですが、当初は既設部落の間に入って一町歩程度を作って手習いし、一、二年後にその平野の周辺の未墾地又は不作付地一〇町歩乃至一五町歩をもらって開墾するわけです。

ニ　その土地は森林のある山ですか。（略）

ホ　一度開いて作らずにある土地というのは痩地でせうか。

○必らずしもさうではありません。戦時下、手不足のため作付できぬ土地及び農地開発営団などで大規模に開いたが、同じく手不足のため、入地する者がなくてそのまゝ空いているというような所などです。最近の土地改良計画に順応して努力してもらへば何れも沃土となる土地です。

ヘ　その土地を始めからもらふのですか。

○最初は無償で借りるのです。そして国有地の場合はある程度開墾できた時、本人に付与されるし、民有地の場合は買上げてから無償交付するか、或は買受け資金又は大部分を補助するかしてもらへるわけです。

ト　住宅はもうできていますか。

○出来ている所もありますが、到着されてから資材をもらひ指導を受けて皆さんご自身も参加して建てるのです。

チ　どんな家でせう。

○掘建小屋です。土に穴を掘つて柱を立て、笹かわらで囲うか、或は組立兵舎式の囲いをするのです。当分は畳もない、電灯、石油ランプもない事は時局柄当然ながらご承知置き願ひます。

リ　冬は寒いでせうか。燃料はありますか。

○森林の近いところは薪、さうでない所は石炭、これも充分あります。東京以北の石炭は北海道炭でまかなわれている事は、御承知でせう。尚木のある地帯に入った方は薪炭を自給する外、沢山生産して供出して頂きます。

ヌ　自分で主食をとるまでの間はどうなりますか。

○現在北海道のわれわれが配給されていると同じだけ必ず配給されます。

ル　収穫物は供出せねばならんでせうか。（略）

ヲ　現金はどれ程もって行けば良いでせうか。

○資金はなくてもやれます。相当多額の金をお持ちの方は将来の準備として、地元の農業会に預金しておいて下さい。

ワ　冬になると何をしますか。収入はありますか。

○造材、木炭焼などの応援、土地改良等その他冬の農村は人手の奪い合です。是非雪の上で働いて貰はねばなりません。従つて相当の収入はあります。

カ　自分の希望する土地へ入れてもらへますか。
○それは出来兼ねます。多数の人を短期間に入地させるのに希望を一々かなえていては編成できませんからご辛抱願ひます。
ヨ　親戚とか知人とかで一つの集団を作って行けますか。（略）
タ　どんな物をもって行けば良いでせうか。
○衣類、寝具、炊事用具、食器、それに農具やストーブなどあれば、それもお持ち下さい。鉄類は何によらず（焼けあとの金屑でも）持つて行つていただくと農具やストーブになります。寝具、衣類など不足の方は親戚、知己からも集めてでも準備して下さい。
レ　荷物はどうして持つて行きますか。
○一五箇（五〇キロ）まで出せます。指定された町村まで運びつけると運賃は政府で払って運びます。乗車賃も不要です。
ソ　学校はありませうか。
○国民学校は各村にあります。但し一里程度は通う所もあると思って下さい。冬期間は集団地に臨時分教場を設ける方法も可能です。
ツ　中学校は

○道内に八〇余校あり転校も出来ますが将来特殊の目的を有する人以外はこの際家族と共に農業にいそしんでください。

ネ　入地後、中心人物が応召したらどうなりますか。（略）

ナ　徴用者、其の他各種要員に指定されている者は行けませんか。（略）

ラ　家族をおいて一人だけ先に行かうと思いますが。（略）

ム　妊産婦や病人などは

○それは残して行かねばなりますまい。後で引取る方法はあります。

ウ　小さい子供はつれて行って良いでせうか。

○子供さんはすぐ慣れます。むしろ大人より安心です。

ヰ　輸送途中の食事は

○できるだけ沢山（三、四日分）弁当を持つて下さい。函館から先は炊出しなどの方法を考えますが非常の場合を考えて煎米などを用意して下さい。

ノ　北海道の主食糧はどんな物ですか。

○米も勿論とれますが、あなたがたの入地する所は多くは畑地になりますから、麦・豆・馬鈴薯などを多く混食するものと考えて下さい。

オ　家族や荷物を他へ疎開してある場合はどうしませう。

○申込受付官庁の証明で疎開先から乗車又は送出できますから該当者は申込と同時に申し出て下さい。

以上

なお、この問答集の全文は北村史編纂委員会編集の『北村史 上巻』に掲載されている。さっそく、募集の広告が新聞や電柱などにも貼り出され、回覧板の回った町内会もあった。そして、〝都で八万人を募集――北海道への帰農希望者〟(『朝日新聞』六月一二日付)などの記事がおどった。

〝新緑の開墾地は拓く
北海道入植地迄の運賃は無料です(一世帯十五箇迄一ヶ五拾キロ)
暖かい手は伸びる
指定地に入植後生活困難の方には家族一人に付、三十円の生活補助があります
御相談は左記へ
戦災者北海道開拓協会〟

六月一六日付の『朝日新聞』では、〝北海道開拓志願、すでに三〇〇〇名突破〟と、次のように申込者数が報じられた。

戦災者の気魂を戦力化するため、戦災疎開者の北海道帰農計画が決定し、戦災者北海道開拓協会が誕生してから三日、丸ビル内同協会事務所、内務省北海道庁出張所および東京都民生局内に設けられた相談所には、早くも相談者が殺到、一四日現在でその数は三〇〇〇名を突破した。

相談には、黒沢同協会理事長を陣頭に協会員多数が当たつているが、相談者の多数は生活難というよりは新しい自覚による真摯な態度の者が目立ち、相当の知識階級をはじめ、戦災企業家などの顔ぶれもみられ、中には規定の年齢を越えた老人で入隊を懇願する者もある。なお一五日午後一時、町村警視総監は丸ビル内相談所を視察、相談者を激励した。

一方、集団帰農者を受け入れる北海道庁では、六月二三日に「北海道集団帰農者受入要綱等ニ関スル件」（西植第六一二号）を内政部長・経済第一部長名で、各支庁長、各市町村長、各市町村農業会長に発した。

これを受けて六月三〇日に北海道農業会は、次のような檄を飛ばした（『北方農業』五五二号）。

硝煙ただよう帝都の焦土より新なる決意と滅敵の気魄をもつて、必勝農業陣へ戦災者が勇躍参加して来る。我等はこの鉄火の洗礼の中から雄々しく起ちあがり、あくまでも戦ひ抜かんとする同胞の来ることを心から喜び双手をあげて歓迎しよう。本道の土地は広大だ。人手さへあれば無限に戦力化し得る可能性は極めて大きい。（中略）

我等はこれらの戦災同胞に対してかつて吾らの祖父が本道開拓の雄図と決意をもつて、不自由きわまる困苦と闘ひながら今日の北海道を築きあげた過去の労苦をしのび、出来得る限りの利便を計り、温かな戦友愛をもつて世話しよう。鍬の使ひ方も、除草の仕方も知らぬ人達が農家になるのだから一通の苦労ではないのだ。町村農業会は受入準備に万全を期せ、農業実行組合は隣組精神で温くいたはり助け合へ、しかして困難な悪条件を克服して明日の勝利獲得へ共に手をとつて邁進しようではないか。

3　送出計画と集団帰農のねらい

こうして具体的に始まった送出計画のその後を『朝日新聞』で調べてみると、八月一五日の敗戦までに、次のような記事が掲載されている。見出し（〃〃と表記）からだけでも、この事業のねらいや当時の様子がうかがえる。

六月一九日　〃起上る「戦災屯田兵」――捨てよ都会生活の垢　集団帰農にこの覚悟〃

六月二三日　〃司政官も、お嬢さんも――第一陣一一〇〇名、来る六日出発〃

六月二八日　〃農村を批判するな　根気よく土の文化を汲出せ――加藤完治氏から帰農者へ贈る言葉〃

七月五日　〃その名も「拓北農兵隊」あす堂々の壮途に〃

「焦土から屯田兵として立ち上る北海道集団帰農者の第一陣一四〇〇余名、二二四〇余世帯はいよいよ六日一六時三〇分上野駅発列車で出発するが、これにさきだち同日昼過ぎから下谷区桜丘国民学校で壮行式を挙行、西尾都長官から『拓北農兵隊』と命名される、なお第二陣一三〇〇名は一〇日、第三陣一四〇〇名は一三日それぞれ同時刻に上野駅から出発の予定」

七月七日　〃一切の感傷抛って――北の沃野に再起：拓北農兵隊　第一陣の道途〃（写真入り）

七月九日　〃向う一年はお手伝い――拓北農兵隊、北海道へ第一歩〃

七月一六日　〃拓北農兵隊へ全村人の歓迎〃

「わざわざ函館まで出迎えた村長や村の駅に馬車をもって歓迎した村人の熱情には帰農者も感激している、直ぐ学校や神社で受入式を行った…宿舎は予め村人が協力して新築したり、あるいは学校や牧場の厩舎を空けて用意しておいたので心配はなかった、軍は非常に協力して北海道農法に必要な農具や手鍬、鎌等も準備してくれ、…皆この待遇に予想以上と非常に感謝しており元気一杯だ」

七月一八日　〃荒地拓く北の精兵――悪田は稔り豚群も肥える〃（写真入り）

七月二〇日　〃空襲に驚かぬが――大農法には茫然：北海道帰農の東京隊〃（写真入り）

七月二八日　〃希望に燃えて馬車は行く――拓北農兵隊〃（写真入り）

八月七日　〃帰農一箇月の拓北農兵隊――掌のたこも頼もし：まず泥炭地に稔る蕎

麥〃（写真入り）

八月八日　〃拓北農兵隊壮行式〃

「拓北農兵隊の入植は第一回以来約四〇〇〇名に上り早くも食糧増産に敢闘しているが、第五次一九〇九名は七日二時半から下谷桜ヶ丘国民学校で壮行式を挙行、飯野紀元氏（青山学院助教授）を隊長に四時半上野駅で北海道へ向った。なお同農兵隊は第九次まで集団的に送られるが、その後は個別的に入植することになっている」

八月一四日　〃拓北農兵隊、新しい土に息吹く〃（写真入り）

「大いなる歴史の関頭に起って、たとえそれが如何に忍苦の途であろうとも、民族の力によって生き抜かんとする意欲…如何なる苦労にもくじけず断乎、祖国と共にゆく希望の光が輝いている」

（引用の新聞記事は現代かなづかいに直した）

〃北海道へゆけば、蒔き付けのできるようになった開拓地がもらえる、住宅も建っている、道路もついている、食べることに心配はない、必要な資金は貸してくれる……〃。戦災によって焼け出され、縁故疎開もなく、なお続く空襲と飢えの恐怖におののきながら、東京や大阪、名古屋、神奈川などでバラック生活を余儀なくされていた人びとは、募集からわずか一ヵ月余りで北海道へと旅立った。

五月二九日の横浜大空襲により焼け出された筆者一家も、敗戦間際に夕張郡長沼村南長沼へ入植した。

4　横浜大空襲によって戦争難民となる

一九四五年五月二九日の横浜大空襲は、うす曇りの午前中であった。マリアナ基地を飛び立ったB29爆撃機五一七機と硫黄島を基地とするP51戦闘機一〇一機が富士山上空で集結し、大編隊を組んで約五五〇〇メートルの高度をとって横浜市に侵入してきた。

この横浜大空襲は、爆撃目標とする中心市街地に正確に焼夷弾を投下するために、これまでの東京大空襲の経験を積んで昼間の爆撃となった。しかし、昼間であるためB29が目標地点に到達する前に日本軍に攻撃される可能性があったため、一〇〇機ものP51戦闘機がその護衛にあたった。

第一の攻撃目標は東神奈川駅周辺、第二目標は西区の平沼橋を囲む横浜駅周辺、第三目標は横浜市役所などのある港町周辺、第四目標は南区の日枝神社周辺、第五目標は本牧周辺の五ヵ所であった。私たちの住んでいた南区東蒔田は第四目標であった。

当日、学生だった姉（一五歳）や兄（一四歳）たちはそれぞれ勤労動員に行っており、次女（九歳）は埼玉にある母の実家に学童疎開していた。母と私、それに三月に生まれたばかりの弟の三人は、自宅から一キロほど離れた同じ南区堀之内の防空壕へ避難した。なお、父は警防団に入っていたため防空壕へは避難しなかった。

毎日、日課のようになっていた防空壕への避難は、夜間が多かった。だが、当日は午前九時前から空襲警報が鳴り、通い慣れた堀之内の防空壕へ早々と避難したが、すでに満員であった。その後、入口付近で爆撃の様子を見ていた何人かが焼夷弾に当たって死んだ（機銃掃射で死んだという人もいた）。

これまでに経験したこともないものすごい爆音と異様な臭いに、生きた心地がしなかった。やっと一時間半にわたる空襲も止んで防空壕を出ると、私たちの住んでいた南区の堀之内から睦町、東蒔田一帯が焼け野原となり、わが家も全焼して跡形もなかった。幸にも父は怪我もなく、この焼け跡に呆然と立っていた。

物の無い時代に、五歳の誕生日に買ってもらった下駄を一度も履かずに家に残してきたため焼けてしまったのが、子どもながらに大事な物を失った悔しさが、いつまでも心に残った。焼夷弾の油で焼けたブリキの臭いや、家からほど近い睦町公園にたくさんの死体が埋められるのを見た思い出が、その後も長く記憶に残った。

このようにわずか一時間八分の間に三五万発の焼夷弾を繰り返し降り注ぎ、大火災を引き起こし、市街地の大半が焦土と化した。遺体は、焼夷弾の九〇〇度から一三〇〇度の高熱によって炭のように黒焦げになって累々と横たわっていた。また、逃げる途中で一酸化炭素中毒により亡くなった人も多かった。さらに、逃げ惑う無抵抗の市民たちにB29を護衛してきた一〇〇機あまりのP51戦闘機が機銃掃射を浴びせたのだった。

横浜市と横浜の空襲を記録する会が編集した『横浜の空襲と戦災　1　体験記編』(一九七六年刊)に、このすさまじい実態が記録されている。この「炎熱地獄」に遭遇した小野静枝(当時一三歳)は、次のようにその体験を記している(同書、六四〜六五頁)。


五月二十九日、当時十三才の私は、横浜市街から東京寄りの私鉄・東横線の大倉山駅近く(港北区太尾町)に住み、そこからおよそ四十分の市立女学校(女子専修)に通っていたが午前七時前からの警戒警報にもかかわらず、すでに学校にいた。

明けても暮れても空襲、空襲の毎日であったが、そんな私たちにもささやかな楽しみはあって、警報の合間を縫ってバレーボール大会は続けられていたし、卓球は小柄な生徒たちの間の花形となっていた。早出して獲得した卓球台にしがみついて、警報

も忘れていた頃「南方洋上に後続編隊あり、北上中、直ちに家へ帰るように」と先生の声が響きわたった。（中略）

突然、頭上で異様な音がした。ちょうど夕立を思わせるザザーッという音である。ふり仰ぐと、小さな十文字が三つずつ、群れをなして煙の間に現れ、煙の中に消える。「これが敵機の編隊だな」と思う。間もなくアスファルトの道路に沢山の筒状のものが、重そうにボトン、ボトンと落ち始めた。非常に大きなものに見えたそれらは、必ず地上に当ると、生きもののようにはねあがって（その高さは背丈程もとび上がる）再び落ちる。そしてその時は、ドロドロと何か液体を吐きちらす。吐き出されたその液体は、ドロリとしていて、コンクリートといわず、柱といわずへばりついて、アッという間に燃え出す。

広い道路のあちこちに火の地図を描き出した。その無気味な液体は逃げゆくどこかの婦人の背中にもへばりつき燃え出し、何か叫んだように思えたが、そのまま道路にころがって助けよう術はない。或いはまた、その液体は道路に流れ出し、とりもちのように、燃え出しもせず逃げ行く人々の足をとった。もちろん、私の足許にも何本かが響きを立てて落ちた。およそ畳一枚に三本から五本位の密度であったと思う。これが焼夷弾であった。再びザザーッという夕立ふうの音がすると、もう私は本能的にこ

▲はだしで避難する子供たち（５月29日、中区本牧付近）
—毎日新聞社提供—

▲焼け野原と化した日ノ出町方面、高架は京浜急行　—毎日新聞社提供—

横浜大空襲（『戦時下に生きる』所収）

の重い筒が地に落ち、はね返ることを知って軒から軒へと飛び込むように渡り歩いた。

しかしながらやがて行く手の家並みが燃え上り、大きくくずれ落ちると呆然として立ちすくんでしまった。


焼夷弾がどのように恐ろしいものであるかが的確に表現されているが、米軍機が投下した焼夷弾の総数量は三五万発以上で、重量は二五七〇トン、最も多い所では三〇センチメートルおきの密度を示す過密爆撃であった。これは三月一〇日の東京大空襲での投下量が一七八三トンであったのと比べ約一・五倍に当たる量である。

また、この凄まじい惨状の実態を『横浜の空襲と戦災　1』では、次のように記録している（五八七～五八八頁）。


『横浜市戦災復興誌』によると、罹災戸数七万五千十七戸、罹災者三十一万一千二百十八人、死者三千六百五十人、負傷者一万百九十八人、行方不明三百九人となっている。警察記録では横浜市の被害率四十六％という。また、本市以外にも、川崎市、藤沢市、東京都で被害が出ている。

米軍機は市街地の外側と港側から焼夷弾攻撃を始めて、前後を火の壁で包囲し、内側へ内側へと市民を追いこんでいった。そこへじゅうたん爆撃を行ない、Ｐ51が突っこんで機銃掃射をするという残忍な戦術が展開された。さらに、すさまじい火炎と熱と旋風と煙、一酸化炭素中毒等が逃げまどう市民に襲いかかった。猛火は夕刻まで鎮火せず市民を苦しめた。

特に犠牲者がまとまって出たのは、南区の京浜急行（当時東京急行湘南線）黄金町駅とそこから関東学院、霞ヶ丘（西区）にかけて、神奈川区の東横線・反町駅ガード下、神奈川小学校などであり、その惨状は多くの体験記が特筆するところである。しかも犠牲者の多くは、その時間、家庭に残っていた婦人、老人、子どもなどのいわゆる社会的弱者であった。

本書の編集委員でもあった伊豆利彦横浜市立大学教授は、これらの被災数は、その後の調査でこの公式の被害者数、とくに死亡者数は実際に比べてはるかに過少で、東野伝吉氏は「五月二九日の死亡者は七千人以上、八千人に達そうということが決して誇張したものではない」、とのべている（『戦時下に生きる――第二次大戦と横浜』有隣堂新書、一九八〇年刊、一二七～一二八頁）。

この五月二九日の大空襲の後にも、六月中に一回、七月初めから八月一五日の敗戦のその日まで十数回の空襲が続けられた。

私たちは大空襲の翌日、母の弟が埼玉から様子を見に来て、住むところも無いため父と兄を残して、母の田舎へお世話になることになった。一〇日程して、父に赤紙が来たので帰ってくるようにとの連絡が来た。まさか四五歳の父に赤紙が来るとは予想だにしていなかった母は驚いたが、前年に兵役法が改正されたために、空襲で焼け出されたにもかかわらず四五歳の高齢でも徴兵されたのである。

今後のことを心配した父は、同業者からの誘いもあって北海道への集団帰農を決めてきていた。母も物のない時代に実家にみんなでお世話になるわけにはいかないと判断して、見知らぬ北海道行きに渋々同意したのだった。こうして、父と兄が作った俄づくりのバラックに親子七人雨露を凌ぐ中、六月末、四五歳の老兵は歓喜の声に送られることもなく、一人静かに出征していった。

当時、母（三八歳）、中学生の長女（一五歳）と長男（一四歳）、学童疎開から戻ってきた小学生の次女（九歳）、私（五歳）、生後三ヵ月の弟の一家六人は、七月中旬に拓北農兵隊として北海道へ行くまで、梅雨時の肌寒い中をこの焼け跡で不自由なバラック生活を余儀なくされた。

5　長沼村への入植が決まるまで

このような焼け跡の生活では新聞もラジオもなく、私の父はどのようにして北海道への集団帰農の募集を知り、相談所へと通い、応募したのであろうか。文献などにより辿ってみよう。

私が拓北農兵隊神奈川隊（あるいは横浜隊）について調査を始めた当初は、この問題に関する文献は皆無に等しかった。唯一の手がかりである『横浜市総合年表』によると、六月一九日「横浜市北海道開拓集団帰農者相談所を開設」とあり、七月三〇日「二九八世帯一五七九人のうち一八七世帯九七九人が出発」とあった。まずは、これを手がかりに、『朝日新聞』神奈川版や『読売報知新聞』など神奈川隊に関する記事を拾ってみた。

六月二二日の『朝日』では、〃集団帰農相談　横浜に店開き〃とあり、三〇世帯を一隊として編成し、これに隊長を選任して七月五日までに東京組と合流して第一陣として送り出すことになっている。翌二三日の『読売』に〃七月中に六〇〇戸出発〃と、第一次に引き続き第二次から第四次までの入植先と世帯数が具体的に書かれている。

すなわち、①第一次空知・石狩二四八世帯、②第二次十勝管内（豊頃五〇、川西四〇、

大正三〇、芽室四〇、大樹四〇、計二〇〇世帯）、③第三次上川（比布二五、美深三〇、風連三〇、名寄三五、多寄二〇、士別三〇、他計二〇〇世帯）、④第四次空知（月形二〇、長沼四〇、幌向三〇、北村三〇、多度志三〇、美唄五〇、計二〇〇世帯）の三支庁管内の十数町村へ六〇〇戸が出発する運びとなった。

七月八日の『朝日』では、さらに詳細が判明した。「本県の戦災者北海道帰農第一陣は横浜市の一八四世帯を筆頭に川崎七八世帯、横須賀二世帯合計二六四世帯一三七六人で一五日出発する。第二陣は一陣の送出をまって来月上旬までに出発する予定」とある。そして、第一陣の入植地は、横浜第一隊・空知郡北村、第二隊・同幌内村、第三隊・夕張郡長沼村、第四隊・樺戸郡月形村、第五隊・空知郡江別乙村、第六隊・樺戸郡新十津川村と六隊に編成された。

そして、〝拓北農兵団　一五日壮行式〟という記事が一四日の『朝日』に載った。「県下の北海道集団帰農第一陣二七三世帯一三七六名はいよいよ準備成り一五日横浜駅発で出発するが、県では同日午前一一時から駅前広場で壮行式を催し半井市長、岩本県会議長がそれぞれ激励の辞を贈る」と。

だが、横浜隊が出発したのは月末の三〇日であった。それは七月一〇日に第二次十勝行きと一三日の第三次上川行きが上野駅を出発した後、北海道・青森の空襲によって青函連絡船が全滅したためであった。
この間の事情を、北海道から入植者支援のために派遣されてきた詩人の更科源蔵は、次のように記している。

七月一四日「明日出発する横浜隊を連れて帰れというので、横浜に打合せに行く。帰ると顔色を変えた同僚が青函連絡船が全部やられ、函館、森、八雲、室蘭、帯広、釧路などが銃爆撃され、昨日出発の隊が仙台あたりで止められたという知らせを持って来た」（『札幌放浪記』、八八～八九頁）

七月一五日「送り出し中止の打合わせに神奈川県庁に行く途中、すでに出発用意をして駅で日の丸を振って『万歳、万歳』と送られているのに出会った。雨の降る中を集って来た人々に無期延期を伝える。これでやっと空襲の不安から脱出できると思って来た人々の、失望した顔が見られない。『これが戦争なんだ』といわれ何の不平もいわず、スゴスゴとあてもなく人々は街に散って行った。北海道は今日もやられたという情報が入り、皆ラジオのそばに集る」（同書、八九頁）

七月三十日「送別会の食べたもので中毒して皆バタバタ倒れる。空襲激化、何とか神奈川隊を送り出す」（同書、九二頁）

更科源蔵は、七月なのに雨の降る日はセーターが欲しいほど寒かったという。私たちも無期延期といわれ、帰るべきバラックもない寒い雨の中をスゴスゴとどこへ帰って行ったのだろうか。

6 さらなる戦火の中の逃避行

空襲と飢えを逃れて北海道へ向かった拓北農兵隊だったが、それはさらなる戦火の中の逃避行であった。

七月六日に出発した第一次は、仙台空襲のため仙台の手前で途中停車を二時間程したものの、上野を出発して三五時間後の八日午前二時半に青森駅に到着した。そして、潜水艦の襲撃を警戒して暗闇の航海をさけて同六時連絡船に乗り込み、翌九日午前一一時に無事函館に着いた。しかし、七月一〇日に出発した第二次十勝行きと一三日に出発した第三次上川行きは、すんなりとは津軽海峡を渡れなかった。

敗戦間際の七月一四日・一五日の両日、東北・北海道がアメリカ海軍機動部隊による攻撃を受け、青森や函館港内、津軽海峡の各所で運航中の連絡船一二隻のうち、沈没・座礁炎上が一〇隻、損傷が二隻、旅客・乗務員合わせて負傷者七二名、死者・行方不明者四二五名の被害を出すなど、輸送網が壊滅状態となったためである。この当時の様子を第三次拓北農兵隊の友田多喜雄は、次のように記している（「戦後北海道の開拓」『ドキュメント日本人5　棄民』一二七～一二八頁）。

青森に列車が着いたのは、上野を発った翌々日の一五日午後だった。途中、宮城県小牛田駅で長い停車をし、そこからは山間部にさしかかる度に長い停車を繰り返したのである。北海道で室蘭市が艦砲射撃をうけ、青森と函館で青函連絡船が空爆をうけていたためだ。青森へ着くとすぐ駅近くの小学校へ避難したが、街の中を担架で運ばれる人があって、それは空襲と潜水艦の攻撃で沈められた連絡船から救助された人達ということだった。私たちのすこし前に東京を発った第二次の北海道集団帰農者らしく、荷物は全部船といっしょに失ったようである。私たちが学校へ入るとすぐ、米軍機の機銃掃射が体育館の窓ガラスをふるわせた。連絡船は全滅し、その日から一週間青森に止められたが、畳一枚に六人が起居する状況だった。

思いもよらぬ体験をした第三次の人たちも、二一日には「帝国海軍」の海防艦で、婦人・子どもは船室と船底に、男は甲板に立って津軽海峡を渡った。

さらに青森市は、その一週間後の七月二八日〜二九日にかけて大空襲に見舞われた。米軍の前進基地となった硫黄島を離陸したＢ29は、仙台湾から牡鹿半島へ抜け、鰺ヶ沢町附近から青森市に向かった。そして、暗闇に包まれた青森市に現れた六二機のＢ29は照明弾で市内を照らしたのち、Ｍ七四六角焼夷弾三八本を束ねた二一八六発のＥ四八焼夷集束弾を投下し、八万三〇〇〇本もの焼夷弾が逃げ惑う市民の頭上に降り注いだのだった。

Ｍ七四六角焼夷弾は、従来型に黄燐を入れ威力を高めた新型焼夷弾で、青森市がその実験場となり、死者一七六七名、焼失家屋一万八〇四五戸（市街地の八八％）、罹災者七万一六六名にのぼった。

なお、この壊滅的な被害をもたらした原因には、知事が出した「逃げるな！」、避難者は「非国民」、食糧配給を断つと脅迫していた事実があった。これを地元紙は、次のように報じていた。

避難市民に〝断〟復帰は廿八日迄

敵機来襲に怯えて自分達一家の安全ばかりを考え、住家をガラ空きにして村落や山に逃避した市民に対し、青森市では市の防空防衛を全く省みない戦列離脱者として「断」をもって臨む事になった。住家をガラ空きにしてゐる者は、二十八日迄に復帰しなければ、町会の人名台帳より抹消する、従って一般物資の配給は受けられなくなるから、疎開するならば、至急青森市警防課に対し家族疎開又は留守担当者の正式届出を行はねばならぬ。

そして、予告期限（七月二八日）のその夜、まるで避難民の帰りを待ち構えていたかのように、B29によって、五七四トンもの焼夷弾が青森市民の上に降り注いだ。その惨劇は先に見たとおりである。

ここで参考までに、『時局防空必携』（一九四三年改訂）にある「防空必携の誓」を掲げておこう（『青森空襲の記録』三六九頁）。

一　私達は「御国を守る戦士」です。命を投げ出して持場を守ります。
一　私達は必勝の信念を持つて、最後まで戦ひ抜きます。
一　私達は準備を完全にし、自信のつくまで訓練を積みます。
一　私達は命令に服従し、勝手な行動を慎みます。
一　私達は互に扶け合ひ、力を協せて防空に当たります。

この青森大空襲に遭った当時一〇歳だった寺山修司は、次のように記している（『寺山修司著作集四　自叙伝・青春論・幸福論』の「誰か故郷を想はざる」一九〜二〇頁）。

一九四五年の七月二十八日に青森市は空襲に遭い、三万人の死者を出した。私と母とは、焼夷弾の雨の降る中を逃げまわり、ほとんど奇跡的に火傷もせずに、生き残った。

翌朝、焼跡へ行ってみると、あちこちに焼死体がころがっていて、母はそれを見て嘔吐した。（中略）

私自身が幼い頃に見た、あのお寺の「地獄絵」の中にぽつんと一人だけ取りのこされているような気がしてきた。荒涼とした焼野原。まきちらされている焦土の死体たち。花火のように絢爛としていた前夜の空襲——「ものみな、思い出にかわる」というこ とばにならえば、私自身が生き残ったということさえも、ただの思い出にすぎないのではないか。

この三万人の死者というのは誤りだが、「みじめな拓北農兵隊」として証言朗読に収録されている山下三郎の体験も凄まじい。当時一九歳で東京外大の二年生であった山下は、拓北農兵隊として単身北海道へ行く途中青森大空襲に遭遇した(『青森空襲の記録』一八三~一八四頁にも収録)。

空襲よりも何よりも、ここで十日ばかりの生活のほうが、私たちにはひどくこたえた。もっとも困ったのが食糧であった。旅行中なので手持ちの食糧はなく配給券がないので食糧がまったく手にはいらない。青森県庁にかけあってみたが、何しろ青森そのものが焼けてしまっているので工面のしようがない。一行は二〇〇〇人に対して米二俵とほかに乾パン一人あたま六粒ずつが支給されただけだった。私たちは焼けトタンをひろってきてフトンがわりにし、焼け倉庫から黒こげの豆かすやミガキニシンを掘りだしてきて、生のまま食べた。火を焚くことを禁じられていたが、かりに許されていたとしても、丸焼けの街には燃料がなかった。そうした生活に耐えきれず、老人のなかから死ぬ人があらわれた。みんなで十銭ずつ出しあってみすぼらしいお棺を買ったとき、これが戦争というものだという実感が胸にしみて、一同は男泣きに泣いた。

7　青函連絡船の埠頭で

日本が敗戦を迎える半月前の七月三〇日、私たち神奈川隊の壮行式が横浜駅前広場で行われたが、その最中にも米軍機が襲ってきた。壮行式では、右側から北村隊三〇世帯、幌向隊三〇世帯、長沼隊二八世帯、月形隊二五世帯、江別乙隊二〇世帯、新十津川隊四二世帯、美唄隊四九世帯、妹背牛隊二二世帯、由仁隊二八世帯の順に並んだ。そして、半井市長、岩本県会議長からの激励の辞に送られて、私たちは特別列車に乗り、東京日暮里経由で東北本線を北上した。八月二日に函館に着き、三日の早朝長沼村に入植したが、四日かかっている。やはり、無事到着とは行かなかったようである。先の更科源蔵の『札幌放浪記』によって、この四日間を追ってみよう。

七月三〇日　「空襲激化、何とか神奈川隊を送り出す」
七月三一日　「私の証明書を持って宇都宮へ行った川崎昇君の友人が小金井で機銃掃射にあい、目の前にいた母子が即死した話をして帰る」
八月一日　「北海道新聞支社へ行ったら、今夜日本を一四ヵ所（函館、長野、前橋、水戸など）爆撃するという「東京の皆様へ」というマリアナ放送があったという」

八月二日

「昨夜は六時間やられた。鶴見、川崎方面だった。鶴見方面が終ったのでヤレヤレとゲートルとって横になったら、家の角にドカン、ガラガラと来た。八王子の方が真赤で入道雲に物凄い火焔がうつっている。川崎の石油タンクがやられて煙幕のように煙が焼け野原を覆う」

私たち一家も鍋釜や持てるだけの食糧などを持って乗り込んだ臨時列車は、八月一日の夕方青森駅に着くまでに途中幾度も停まった記憶がある。駅に停車すると、飲み水や洗い物をするために先を競ってホームへと駈け出していった。五歳だった私には、真夏の車中で食べた饐えたおむすびの臭いだけが記憶に残っている。

三日目に青森駅に着いたものの、夕闇迫る中を青函連絡船の乗り場で私たちを残して再度荷物を取りに戻る母たちの背を追った記憶は、いまでも生々しく思い出される。アメリカ海軍艦載機の空襲により青函連絡船が全滅するとともに連絡船の乗り場も破壊され、新しい乗り場は青森駅から遠く離れたところにあった。

生後三ヵ月の弟を背負った九歳のすぐ上の姉と私の三人は、荷物番のため乗り場に残された。そして、ふたたび荷物を取りに駅へと向かう母たちの背に向かって、〃カーチャンまたきてね〃と叫んだという。夕闇迫る中、寂しさのあまり叫んだ一声を、後年、母がよく思い出話に語ってくれたので、いまでも脳裏に焼き付いている。

私たちはこうしてやっと連絡船に乗り、翌朝、函館に辿りついた。函館駅には長沼村から夏井助役らが迎えにこられ、国民学校で受け入れ式が行われた。

なお、函館港から国民学校までは距離があり、一五歳の姉や一四歳の兄にとって、この道程はさぞ辛かったことであろう。背に大きなリュックを背負い、両手に米や油をぶら下げて歩きながら、何度も吐き気をもようしたという。

休憩したのち函館駅を出発して野幌から夕張鉄道に乗り換え、翌三日早朝、北長沼駅で下車した（夕張線の北長沼駅は廃線により今はない）。当時の様子を団長の森虎蔵は、次のようにのべている（『長沼町九十年史』八七四〜八七五頁）。

長沼に入った一行は四班に分かれました。第一班の班長は森虎蔵で六世帯が西長沼に入り、第二班は服部班長で舞鶴校に、第三班の森一班長と第四班の飯島班長が第三小学校に入り、家族共総勢一四九名でありました。私の開拓地は西六線南五号で、斜め排水がありました。土地の所有者は拓殖銀行でした。学校にいながら部落の実行組合の方の応援を受け、掘立、よしぶきの小屋を一一月までに建てました。生活費は一人一〇円位補助が出たと思います。

私たちが北海道へ辿り着くまでを、黒澤酉蔵理事長の命により未だ空襲の続く東京の戦災者北海道開拓協会へ派遣された詩人更科源蔵の活動や著作を通してみると、〝屯田魂で、戦災者よ特攻隊に続け〟と檄を飛ばす北海道地方総監や〝農村を批判するな、根気よく土の文化を汲出せ〟と叫ぶ加藤完治の檄とは異質である。更科源蔵の『札幌放浪記』の「東京溶岩原」や「逃避行」の章に書かれたこの詩人の眼差しが忘れがたい。

〝札幌の灯も見おさめかも知れないなァ〟という文学の友でもあった作家・吉田十四雄氏とともに東京へ派遣されて、協会へ相談に来る罹災者にむかって「北海道へ行ったたって碌な食糧はありませんよ。いい土地なんてものもありませんし……」と正直に現地の実状を説明したら、「そんなことを言ったら誰も来ないではないか」と、仲間の皆につるし揚げられたという。

「どこにそんないい土地があるんだ。本当のことをいって、それでもいいと納得させたんでなければ、だましたことになるんでないか、われわれは東京の人でないし、ましてや焼け出された人を追出すんでなくて、その人達と一緒に北海道に帰るんだよ」と抵抗したりする。

また、「雨の降る中を集まって来た神奈川隊の人びとに無期延期を伝える、これでやっと空襲の不安から脱出できると思って来た人々の失望した顔が見られない。〃これが戦争なんだ〃といわれ何の不平をいわず、スゴスゴとあてもなく人々は街に散って行った」。

さらに、「逃避行」の章では、第六次拓北農兵隊は爆撃された東北本線から奥羽線まわりで行くことになり、東北本線の黒沢尻と小牛田で積み込むはずの弁当が入らなくなってしまい、夜中頃通る秋田に緊急に弁当の積み込みをお願いした、とある。

「秋田着は夜中の二時半、ホームに箱につめられた一五〇〇人分の弁当が、夜目にも白々と尊いものに見えた。女子実業学校の生徒が夜中までかかってつくってくれたのだという」（九六頁）。そして、「一六日未明に札幌に着く。臨時特別列車はここで終り、ここから隊員達は敗戦という新しい運命のもとに、各地の開拓に向って散って行くのである。その行手には何が待っているか誰も知らない」と結んでいる（一〇二頁）。

3章

入植者が語る苦闘の記録

地の涯に倖せありと来しが雪

これは十勝支庁の豊頃町に入植した俳人細谷源二が詠んだ句で、境涯の憂愁を湛えた名句であるという。細谷源二についてはのちに詳しく紹介するが、泥炭地で悪戦苦闘する様子を詠んだ句には、以下のものもある。着のみ着のままで北の大地に入植した人びとが直面せざるをえなかった姿が、よく描かれている。

泥炭地さまようことを蝶もなす

今年もまた山河凍るを誰も防がず

明日伐る木ものをいわざるみな冬木

離農者や背の荷手の荷に憑く羽蟻

この章では、道立図書館が保有する「北海道集団帰農者書類」中の第一回から第一一回までの「町村別受入見込戸数」表をもとに入植先、入植戸数、入植人数を明らかにしながら、その他の資料も参照して拓北農兵隊の全体像に迫ってみたい。なお、第一回から第六回までは確定戸数で、第七回から第一一回までは見込み戸数となっている（但し、この表の作成年月日は不明なので、入植者の実際の戸数と違っているものもある）。

また、更科源蔵の『滞京日記』は、東京の戦災者北海道開拓協会における募集から送出までを記録した唯一のもので、空襲によって引き起こされた惨状なども冷静な視点でとらえている。この日記にもとづいて、第一次から第六次までの送出をたどり、さらに入植者の現地でのさまざまな体験や地方史における開拓記録なども紹介したい。

1　石狩・空知支庁へ入植した第一次農兵隊

七月六日

やっと梅雨がはれて明るい空が見える。

第一回の拓北農兵隊の出発である。丁度空襲警報が出たので随分心配したらう。然し住みなれた都の塒を焼かれて北へ行く人の心を思ふと悲愴なものがあるだらう。上野の出発の見送りをしないで吉田君と文報を訪ふことにした（『滞京日記』、以下同じ）。

この第一次農兵隊の出発に当たって執り行われた壮行会において、「われら拓北農兵隊は国家存亡の重大時期にあるを深く胸に収め、……挺身国家の要請にこたえ、……もって農兵たるの本分を全うせんことを期す」との隊長の宣言に比べ、更科源蔵の日記はクールである。

この日に集まった一行の出で立ちは、よれよれの軍服のような服にゲートルを巻き、戦闘帽をかぶり、背にはストーブをくくりつけたりした男性、女性も継ぎはぎだらけの着物にモンペをはき、ズックの靴、腰には子どもがまとわりついており、「兵隊」というにはふさわしくない集団であった（太田恒雄『世田谷物語』六四頁）。

この出発を報ずる七月七日の『朝日新聞』の写真もこの描写どおりで、やはり、『滞京日記』のように「悲愴感」が漂っていた。

第一回町村別受入決定戸数

支庁名	町村名	下車駅名	受入戸数	備考
石狩支庁	白石村	白石	一八	
	江別町	野幌	三一	
	札幌村	苗穂	一八	

	手稲村	軽川	一五
	琴似町	琴似	一二
	豊平町	札幌	四〇
小計			（一三四）
空知支庁	角田村	栗山	五三
	栗澤村	清眞布	一一
小計			（六四）
合計			一九八

入地先と戸数は

プロローグで紹介した青野正男『あら山』は、拓北農兵隊として自らの体験を、最初にかつ総合的に書かれたものである。青野正男は東京を出発する少し前から「帰農日記」を書き始めており、この日記にもとづく丹念な記述となっている。東京を出発して二日後の七月八日の日記には、「帝都を北に三百里　津軽の海を越えくれば　黄塵絶えて空清く粛粛として風寒しなどと声高らか、札幌で寮歌を放吟した二十数年も前のことなどを自然におもいだし、北の曠野に汗を流すであろうわが身わが家族のはかり知れない運命をおもわずにはいられない」と記している。

青野は一九一九（大正八）年北海道大学予科に入学し、病気のため本科を中退したのち、一九二六（大正一五）年東京帝国大学農学部を卒業して農林省農事試験場や兵庫県農事試験場などに勤務し、退官してからは南方の農業開発事業に従事した。

第一次農兵隊が入地した実際の戸数は、以下の通りである（町村名は当時のまま）。

札幌郡手稲村	二二戸	杉並区から
〃　琴似町	二一	足立区
〃　札幌村	二三	板橋区
〃　豊平町	五〇	目黒区
〃　白石村	二三	大森区
〃　江別町	三六	世田谷区
空知郡栗沢村	一四	葛飾、江戸川区、北多摩郡
夕張郡角田村	三一	品川、蒲田、荒川、王子、城東区

右は新聞の報じたものだが、角田村は中野区をふくめ五二戸である。この第一次のみが青野の本によって入植先と戸数、それに入植者の出身区が明らかになっている。

入地先でどのように迎え入れられたか

『北海道新聞』は「拓北農兵隊への温い戦友愛」と題する記事を掲載し（七月七日付）、道庁は移住者に貸与する農地の選定や主食糧の配給、当面の生活費として一人当たり月額三〇円を六ヵ月にわたって補助することや受け入れ町村や農業会等がその準備に忙殺されていることを報じている。

この記事によると、各町村の受け入れ状況は次のようであった。

① 札幌村　隊員は雁来の治水飯場・裂々布校・元村倶楽部・下苗穂校に計二三戸を分散収容する。但し、村民自身も五町歩以下の零細経営なので農地に余裕が無く、白石村の農地開発営団所有地に入地させる。

② 琴似町　農地は三谷農場と稲積農場の未利用地一二九町歩を充て、そこに三間と一六間（四八坪）の共同居小屋三棟を建設し、一棟に隊員を八戸収容する。中央には共同炊事場を設け、すべてを共同で行うようにする。

③ 手稲村　隊員は軽川駅で下車して北農牛舎と学校の仮校舎に半数ずつ入り、開拓地に充てられた下手稲前田部落の北農所有地に一棟五戸からなる四棟の住宅が完成するまでは、付近農家の援農作業に従事する。

④ 豊平町　札幌駅で下車し、貨物自動車に分乗して現地に入る。隊員の宿舎には

石切山校と豊羽選鉱所土場校を、また農地には真駒内種畜場の国有未開地(五七〇町歩）を充てる。

⑤ 白石村　隊員は豊平川右岸の大谷地にある農地開発営団の建物二棟（七〇坪と八〇坪）に収容し、将来的に自立できるよう農業技術を習得させる方針である。住宅は村として恒久的住宅に改造する予定であり、村内では割当畳の供出も終わっている。

こうして第一次農兵隊は、現在の札幌市域に入植した。

手稲村での現実は

こうした受け入れ状況に対して手稲村曙地区に入植した村元健治は、当時の実状を次のように語っている（『郷土史　ていね』第六四号）。

戦争末期の混乱した中で、受け入れ態勢も十分でない中で緊急かつ応急的に事業が進められたために、宣伝計画されていた内容には程遠い現実が待っていて入植被災者たちは塗炭の苦しみにあった。

［住宅問題］　計画では用意されているとあったが、現実にはそのようなものではな

く用意されていたものは、元牛舎という代物だった。牛の尿が強烈に漂う窓も無く雨漏りのする狭い部屋に雪が降るまで収容された。

この後、近くの唐松林を伐採して、素人ながらも掘っ立て小屋を建て、入居するも地吹雪の激しい同地区で初めての厳寒の冬を、死ぬ思いで耐えなければならなかった。

［食料問題］　計画では主食の配給を約束していたが、現実には遅配気味の上、その量も決して十分なものではなかった。持参の食糧も無くなり、止む無くワラビを採取するとともに食糧確保も兼ねて援農にも出たが、受入農家から歓迎されるどころか農業経験なし、栄養失調状態での労働ゆえ、不信すら持たれる始末であった。

厳寒を迎え、栄養失調からくる餓死者を出すのみならず、ようやく春を迎えてからも二人目の犠牲者が出るなど大変な状況に直面した。

［土地問題］　計画では、とりあえず一町を無償貸与し、その後一〇～一五町を無償貸与もしくは付与するというものであったが、現実は入植当初も割当農地は決まっておらず、ようやく二年目に地主の好意で、わずか三反の土地しか借りれないという状況だった。

その後、三町、四・五町と割当がされていったが、この土地問題では特に問題があったのは、過去の入植者たちも逃げ出すような泥炭と湿地の混じるいわく付きの土地だったことである。要するに誰も入植したがらないような悪条件の土地に入植させられたということであった。このために入植者たちは、その後開拓農協（手稲曙開拓農協）の下で、十年間にもわたる土地改良、客土事業に取り組まざるを得なかった。

かくして村元はこの拓北農兵隊が、かつての屯田兵やその後の戦後緊急開拓事業等と比べても、比較にならない苦難を強いられ、「その意味では棄民政策でもあった」と結んでいる。

夕張郡角田村の場合

では、青野正男が入植した夕張郡角田村では、どのような実態であったのだろうか。入植の経過を「帰農日記」に、次のように綴っている（二一一〜二一二頁）。

札幌を出るとやがて野幌。原始林は深ぶかと静まりかえっている。野幌の駅で江別隊は降りて世田谷の同志と分かれた。

江別を過ぎて石狩川をながめ、はてしなくひろがる石狩平野に見入っていると、いよいよ北海道へきたなとおもう。

栗沢、角田の両隊は岩見沢で室蘭線にのりかえ、栗沢隊は清真布（きよまっぷ、現栗沢駅）に降り、まもなくわれわれ角田隊は六時半栗山駅に着いた。角田村の栗山、それは帰農団最終の下車駅である。

雲低く雨さえポツリポツリ、北寄りの風に肌身はふるえる。ホームに村役場の人たち数人が出ており手廻りの心配をして、数個をたのむ。駅前広場には地元の人たち多勢が堵列して出迎えてくれた。一応整列して村代表赤塚助役の歓迎のあいさつがあり、指示をうけて休息所に向かった。

私は荷を背負い、両手にトランクを提げて歩きだしたところ、わたしよりよほど年上とみえる一婦人がかけよってきて、辞退するのもきかず奪うようにトランク一個を引きとり、三〇〇メートルほどの劇場まで送りとどけてくれた。疲れた旅人をおもいやる暖かいその心根に私はどれほど感じ入ったことか。だれとも知らぬその人をわたしはけっして心に忘れまい。

休憩所では、ただちに赤飯、ミソ汁、漬物とあたたかい朝食に身も心も暖まり蘇生のおもい、車中三夜におよぶ警戒管制下、長途の疲れも到着のよろこびとともに一時に解きほぐれたのである。

角田村の一角、栗山におけるこの第一印象はわれわれ帰農団の永く忘れることので

きないものである。（中略）
兵舎の第一夜は手持ちの毛布と部落から貸し出されたふとん一枚で冷気と一沫の不安のうちに、ともかくも、この北国の地上に夢をむすぶことになったのである。

兵舎からの団員の移動は、十二月一日に三六世帯全員の現地入りで無事完了した。

第一部落の同志たち

南部晋　若月忠太　片山巍　野原勝　手塚彦四郎　岸田博　織田栄　相田英治　笹田直吉　中川清　塩田勝蔵　筒井八蔵　山本一二　金鶴幸用　土門満雄　永田修平　永井清吾　下戸正助　風間武雄　小川定雄　柏原法遊

第二部落の同志たち

山田鉱次郎　飯田実　堀二郎　寺内佐吉　日原四郎　日原平八　鈴木清一　大旗照静　青野正男　堀野松太郎　川瀬九十九　長沢万助　筒井正八　中島小三郎　石塚栄次郎

しかし、現実はやはり厳しいものであったようだ。開墾・建設期の開拓十年を回顧して、次のように苦闘の連続であったことを綴っている（『あら山』一九八～一九九頁）。

入植当初、三角兵舎にて共同生活をし、援農土木工事などにしたがったが、七月に角田御料林の解放がきまり、立木のままの現地に、測量隊は原始林に分け入って最初の戦いを挑んだ。霜白き林間に居小屋の建設をすすめ、雪降る十一月末、家族の移動を完了して、ここに三十六世帯の入地が実現した。

焚火に目をいためながら、はじめて知る北国の冬の夜の長さ、朔風樹頭に吠えてねむれぬ幾夜を過ごしたことか。住居の不備はもとより、被服医薬はもとめがたく、ことにはきものには悩んだ。食料は副食さえ入手容易でない状態のもとに、はじめての冬を越し、ともかくも老幼ことなきを得た。

冬は密林にノコ、マサカリを振い巨木に挑み、夏は笹刈り火入れ、鍬をふれども開墾ははかどらず、食料の自給もできない状態であったから、収入はなく生活は困難をきわめた。

この後、完成期、転換期の日々を淡々と綴り、この栗山での日記も一九六四年に青野が離農するとともに終わっている。

集団帰農者の心構えについて

満蒙開拓団の指導者であった加藤完治が「農村を批判するな、根気よく土の文化をくみ出せ」と帰農者へ贈った教え（『朝日』六月二八日付）に従って開拓に取り組んだ堀徳郎の体験をみてみよう。堀は、先に紹介した青野正男と同じ角田村に入植し、青野の四男と同級生であったという。

青野氏は、この年六月の朝日新聞の記事、「根気よく土の文化をくみ出せ」と題する内原訓練所長加藤完治氏の言葉を記録している（加藤氏は満蒙開拓団の指導者である）。

「北海道へ戦災帰農する人の心構えだが、まず第一に米をつくって食うという考えをすててしまう。馬鈴薯、燕麦、ライ麦その他雑穀、牛の乳などによって食生活に入る覚悟が必要で、ことに大豆を大いに利用し納豆、豆腐なども自分でつくるように努力すべきだ。

第二に、食糧に関しては、消費生活から生産者として新たに出発するのだから、農家の人を先生としてまじめに教わって行くこと、消費生活を送ってきた都会での知識や生活様式を捨てねば駄目だ。農家の生活を批判的に見るような傾向が最もよくない。

出発する前に都会生活の垢をきれいにおとしてゆくことだ。医者なども都会とちがって充分でないから薬草栽培や灸療法に対する研究も必要だ。都会の人が帰農してよくいうことは娯楽がない、文化が低いということだが、勿論農村に来て映画を見るようなんて考えている人はゆかぬ方がよい。水道は勿論、電気もなかろう。そうした都会文化がいかにもろいものであるかは既に戦災者である以上知らされたであろう。そんなことを望むより、どんなことがあっても、びくともしない土の文化があることを知るべきである。そんなことを考えているより、土壌、肥料、作物生理などの研究をしてゆくよう努力すれば、百姓の面白味も出てくるし、人生の歓喜もわいてくる。

第三に注意しなければならないのは、はじめての人には農業労働というものが非常につらいようだ。農業には汗と努力と辛抱強さが必要である。ただ毎日根気よくやってゆけば、一月たち二月たつうちになれてくる。どうもいままで都会から帰農した人のなかには、なんでもかんでも一気呵成にやってしまいたがるような傾向が見られ、これがかえって農業をいやになったり途中で逃げ出す結果になっているようだ。一にも根気。二にも根気である。」

私（堀）も中一の子供であったが「拓北農兵隊」の一員として青野氏と同じ山林に入植し同じ状況を経験した。そして加藤完治氏のいう状況をまさにその通りに生きたのであった。伐採、掘っ立て小屋作り、熊笹刈り、焼き払い、井戸掘り、鍬を握っての開墾、炭釜作りと炭焼き、日本中が飢えていたのであるから、馬鈴薯、カボチャ、みがきにしんを主食に何箇月も過ごすのも有るだけで幸せであったろう。本を読みたくても、あるのは農業の本のみ、それをいろりのほのおにかざして読んだものであったが、岩波文庫の「善の研究」出版に人々は本屋を幾重にも行列したと聞けば、まあそんなものだったのだろうと少しは懐旧の念も生まれる。

「随想・東京空襲と拓北農兵隊」を執筆した堀は、その後青森県立八戸高等学校校長をしたのち、先年まで八戸ペンクラブの会長などをしていた。「私の座右銘『隗よりはじめよ』は自分で考え、自分で動かなければなにひとつ手に入れられない経験によると思う。また同時に、北海道の青春時代を象徴する言葉『ボーイズ・ビー・アンビシャス』は今も私を励ましてくれる言葉となっている」と、結んでいる（六一～六三頁）。

成功例として賞賛された江別隊

第一次拓北農兵隊の入植をめぐっては、世田谷からやって来た江別隊の記録を忘れてはならない。記録として先にも紹介した太田恒雄『世田谷物語』があるが、これは取材にもとづくもので、ここでは黒澤酉蔵の『回顧録』によって紹介したい。

黒澤酉蔵は第一次拓北農兵隊の出発に際し上野駅まで迎えに行き、一行二〇一戸、九五三人とともに北海道へ帰り現地案内をした。このなかに東京世田谷区から応じた一七戸の一団がおり、野幌駅までつきそって行った（先の本書八〇頁の戸数とは異なっている）。

この一団は世田谷部落と命名され、この人たちはみなインテリであったという。「書道の先生から映画俳優、音楽家、美術家、一流会社のロンドン支店長さん、社長さんと、職業はまちまちでしたが、誰一人として労働の経験がありません。このグループは札幌郊外の雁来の原野に」入った（二九九頁）。

入ったときは文字通りの泥炭のヤセ地で、足の入れ場もない土地であったが、大排水溝が掘られ、石狩川の切替工事でできた土砂で客土されて、大泥炭地だった荒地がみごとな作物を産するまでになった。黒澤は唯一の成功例として賞賛している。

第一次農兵隊の送出に当たっては、なんとしてもこの事業を成功させたいと壮行歌までつくっての演出であったが、第一次農兵隊でさえ実状は以上のようであった。

2　十勝支庁へ入植した第二次農兵隊

七月十日

午後から第二次の壮行会へ行く。何度目かの空襲警報下である。高射砲でフラフラしながらB29がビラを播いて東京湾の方へ逃げて行った。最後の宝（ママ）屁のやうに出しビラが学校のあたりにおちて来た。高射砲の破片がウナって落ちて来た。警報が出たので切符が売止めになり、北海道への特別列車に乗るのだからといくらたのんでも切符を売って呉れなかった駅があったといふ。いゝ加減なものでも証明といふ名がついた紙片を見せるとどんな言いわけも通らないのであるが、役所というところの悪徳なのである。

第二回町村別受入決定戸数

支庁名	町村名	下車駅名	受入戸数	備考
十勝支庁	豊頃村	豊　頃	八五	
	川西村	帯　広	三八	帯広駅下車後ハ十勝鉄道

ニ依ル

大正村	更別	三〇	
芽室村	芽室	四八	
大樹村	大樹	三九	
音更村	音更	二二	
	中士幌	一二	
合計		二七四	一二六七人

豊頃に入植した俳人を追って

第二次農兵隊は十勝支庁の上記の六つの村に入植したが、このうち豊頃村に入植した俳人細谷源二の句碑が、二宮生活館の前に建っている。

なんという運命（さだめ）ぞ山も木も野分

この句を詠んだ俳人には、どのような運命が待ち受けていたのであろうか。代表作『砂金帯』の自序で、次のように書いている。

私は終戦一ヶ月前、北海道へ渡つて来た。背にも手にも重すぎる荷物をもつてかなしくよろけて歩む帰農団の一人として、東京の焼野からはるばると来たのだ。始め見た北海道はどうだつたろうか。

灰色な空がひろがり、細い煙のやうな霧が心を濡らしてひろがつてゐるばかりだ。戦に疲れた人々、家を焼かれ、父母、妻子を失つた人々、そして心まで失つた人々、私も長年愛してゐた句帳さえ持たずに、泥縄のごとくおとろへて、うらぶれて方向を失つてゐた。

豊頃村、あゝそこに私達を待つてゐたのは泥炭地だつた。白樺林であつた。「布団の上を歩いてゐるやうだ」、と妻も言ふそのところに、家を建てゝ、三年ともかく生きのびた、でん粉粕のだんごと、えんばくの常食で蒼黒く痩せて、木を伐り、根を抜いて生きた。

心機一転、新天地に幸せを求めて来たが、入植者を待ち受けていたのは、厳しい気候や痩せた土地ばかりではなかった。村には受け入れを迷惑がる風潮があった。集団帰農者を函館まで迎えに来た豊頃村の中村村長は、演説口調で次のように語った。

君たちをこうして迎えにきたのは、東京の闇買いで生活してきた君たちが、なんの予備知識も持たずに、そのまま村にはいる危険を思い、実は事前にひとこと言っておくためだ。君たちの闇相場で荒んだ心でわが村の純朴な人たちを毒したくなかった。君たちによって村人に闇買いをはやらせたら、わが村はめちゃくちゃだ。そこで君たちにお願いする、どうか闇買いを流行させないでくれ。本来なら君たちの入植を断わりたい。ここから東京に戻ってもらいたいのだが、君たちもせっかく東京から開拓にきて、お国のために食糧増産をする気でいる。このまま追い返すのも気の毒だから、君たちとじっくり話し合いたかったのである。聞くところによると、東京では闇買いの米は一升五、六十円するらしいが、私の村では二十円だ。鶏だって一羽十二、三円で買える。それを君たちが欲しいために値を吊り上げて買い漁りをしては困る。みなさんは私の気持ちを察して、闇買いは絶対にしないと、いまここで誓っていただきたい。そうでないと、君たちをわが村にひとりだって入れない覚悟を私はもっている。

この歓迎の挨拶を聞いて、闇買いの流行を恐れて心を砕いているのはわかるが、東京のわれわれを悪魔の手先のように思っている村長の排他精神は、部落民を代表しているような気がしたという（細谷源二『泥んこ一代』一九二〜一九三頁）。

細谷源二が方向を失って北海道へと渡った理由は、もう一つあった。それも、このアジア太平洋戦争と深く関わっていた。

一九〇六年東京に生まれ、本名は源太郎という。少年時代は口語和歌に親しんだが、のちに俳句に転じ、中台春嶺とともに芸術性豊かに工場生活者を高揚する俳句を作った。その代表作、

鉄工葬おわり真赤な鉄打てり

この句は俳壇の注目を集めた。さらに、石橋辰之助、西東三鬼らによって創刊された新興俳句総合誌『天香』にも参加し、その活躍が期待された。

だが、治安維持法違反で弾圧された京大俳句事件の火の手が東京にも飛び火して、一九四一年二月の新興俳句弾圧事件の犠牲となり、二年半の獄中生活を強いられた。検挙時、特高より「鉄は日本の象徴、それを打ち砕くとは革命を企てる者」だと指摘されたという。また、ある特高主任は「君は工場を経営している男だから、赤とはおかしい。これはなにかの間違いじゃないかね」と、俳句運動など軽視していたらしくいい、警視庁の命令でやむなく検挙したと、同情的な態度だったという。なお、この京大俳句事件については、

大原社会問題研究所編集の『太平洋戦争下の労働運動』(二二〇〜二二二頁) にも出ている。一九四三年六月に拘置所を出たものの就職も無く、やっと飛鳥山の近くにあった徒弟時代の友達の工場で仕事にありつけた。以後、北海道へと渡るまでを『泥んこ一代』によってみてみよう。戦災者がいかなる道を辿ったがよく描かれている (一八七〜一八八頁)。

昭和二十年三月十五日夜の大空襲で飛鳥山の工場も焼かれ、私はまた失業者になった。からだも丈夫になったので疎開引っ越しの荷を曳いたり、女世帯にたのまれて防空壕をつくったりして、いくらかの手間賃を稼いでくらした。

しかし、四月の空襲では別居していた牛込の父母の家が焼けた。焼けあとに行って土中に埋めておいたセトモノ類を掘り出し、タイヤの焼けてなくなった歪んだリヤカーを拾ってきて、セトモノ類をのせると、牛込から新宿にぬけて目黒まで歩いた。油のきれたリヤカーがギーギー鳴るのをだましだまし曳っぱってゆくと、目黒署の玄関に大きな立て看板が立っていた。「北海道開拓団員募集」と、大きな字で書いてある。家へ戻って妻に相談すると、妻も、

「働くところもないし、このままいたら七人のものが飢え死にしなければならないから、父ちゃん行こうよ」

豊頃町二宮に建つ細谷源二の歌碑

と言う。そこで家の前にむしろを敷いて、不用のものを安値で売り払い、そこばくの金をつくった。そこへひょっこり、誰に聞いたか中台春嶺がたずねてきた。妻にそばをつくらせて、中台とふたりですすった。俳句事件で一緒につかまり、苦労を共にした友達とも、これで一生会えなくなるのだと思うと、目頭が歪んで、くすんと涙が流れてきた。

こうして細谷は十勝国豊頃村小川部落に入植したものの、農地に適さない泥炭地で、村長に懇願して防風林の七町五反と交換して、貧困の日々を生き抜いた。この苦労話が『北海道新聞』が募集した「北海道新風土記」に掲載され（一九四七年一月一日）、消息を知った北海道在住の俳人たちの奔走によって、東洋高圧砂川工場の旋盤工として入社し、定年まで勤めたのち札幌で晩年の日々を送った。

『豊頃町史』の追補本には、細谷源二句碑の建立について、以下のように紹介されている。

「碑は細谷源二ゆかりの地に近い二宮生活館の前庭に建立され、昭和四六年七月の小雨煙るなか除幕式が行われた。『氷原帯』同人、地元関係者など六〇名が参列し、除幕は未亡人、二女の手によって綱が引かれた。（中略）

農耕に素人の源二にもようやくここが開墾不適地であることを知る。妻と一計を案じ、鶏を手土産にして村長を訪ね、土下座せんばかりに換地を嘆願した。移転入植した二宮の地も、決して豊かな生活を保証してくれる所ではなかった。うっせきする絶望感。

丁々と妻を打つわれより弱き故

二二年この地を去る。開拓の敗者には違いないが、源二の心奥には、『新しい俳句を作った』、ただそれだけの理由で検挙された恐怖の経験を持つ彼にとって、敗戦を機に新しく開けた世界に大きな希望をいだいていた。

幸来ると思いぬ新樹天に炎ゆ

『氷原帯』主宰、昭和四五年没、北海道文化奨励賞受賞。」

細谷源二の豊頃村への入植から離農までの過酷な暮らしぶりについては、『泥んこ一代』の「山河凍るを誰も防がず」の章に詳しく書かれている。但し、東京を出発したのが七月一四日となっているが、これは氏の記憶違いか誤植であろう。出発は七月一〇日で、一行五三世帯が豊頃駅に下車したのは一三日である（『豊頃町史』三四一頁）。その他『芽室町百年史』でも、七月一三日に集団帰農者三八戸が東京から入植したとあり（一二三三頁）、大正村には東京都から一三戸、茨城県から一二戸が入植したとある（『大正村史』四二三頁）。

これらの地方史では、いずれも集団帰農者は農業の経験に乏しく、風土にも馴れず、入植地は必ずしも農耕に適しておらず、計画と実施との間に敗戦という思いもかけぬ事態が発生し、開拓行政が不十分であったことを指摘している。その結果、成果もあがらず、入植者たちは希望のない労苦に耐えかねて次々と「脱落」していった、と記述している。

3　上川支庁へ入植した第三次農兵隊

七月十三日

今日は第三次の送り出しである。夜中の空襲も雨もすつかり帝都の空から去つて、明るい出発であった。これが何かと話し合ひ又北海道へ行つてから共に語り働く同志と思ふと他人でない気がする。送り出しは東京に於ける最後のしめくゝりなだけ感激が胸にガッと来る。車窓で目を真赤にして帝都に別れをおしんでゐる人もある。今日も乗り遅れた人があつた。家もないし、食べ物もないといふ娘さんを合宿に連れて来て一五日に一緒に連れて行つてやることにした。重い荷物を背負つて地下鉄にもまれてクタクタになつて帰る。

第一次は石狩・空知支庁へ、第二次は十勝支庁に入植したが、第三次が向かった先は上川支庁である。ここ上川支庁は北海道のほぼ中央にあり、東西を山地に挟まれた盆地にあり、南北に細長い。内陸のため冬は非常に寒く、夏は比較的高温となる。この上川支庁へは、一二の町村に約二八〇世帯が開拓に入った。受け入れ決定戸数は、以下の通りである。

第三回町村別受入決定戸数

支庁名	町村名	下車駅名	受入戸数	備考
上川支庁	比布村	比布	二四	
	美深町	美深	三七	
	風連村	風連	三五	
	名寄町	名寄	三九	
	和寒村	和寒	二〇	
	剣渕村	剣渕	九	
	多寄村	多寄	一八	
	士別町	士別	三〇	
	當麻村	當麻	二四	
	東旭川村	東旭川	一八	
	永山村	永山	一二	
	上士別村	士別	一八	

合計　　　　　二八四　　一四一七人

この第三次農兵隊に関しては、第二章で紹介したように友田多喜雄「戦後北海道の開拓」（『ドキュメント日本人5　棄民』学藝書林刊、一二六〜一四七頁、一九六九年）と山下三郎「みじめな拓北農兵隊」（編集委員会編『青森空襲の記録』青森市刊、一七九〜一八五頁、一九七二年）の体験記がある。このうち士別隊に配属された友田多喜雄の「戦後北海道の開拓」をもとに、その経過を追ってみよう。

なお、友田一家は母四二歳、姉一七歳、友田本人は中学二年生の数え年一五歳であった。帰農者適格審査場で「あなたの家族では無理」だといわれたという。

集団帰農者となって

上野を発った翌々日の一五日午後、青森駅に着いた。こんなにも時間がかかったのは、青森と函館で青函連絡船が空爆を受けていたためである。さっそく駅近くの国民学校へ避難したが、連絡船が全滅したため、その日から一週間青森に止められ、畳一枚に六人が起居する状況だったという。

やっと七月二一日、帝国海軍の海防艦に乗って北海道へ渡った。函館から再び臨時列車に乗ると赤飯の折詰が配られ、「さすがは北海道だ」と喜びあったが、新聞があれほど書きたてた暖かい援護の手と歓迎は、この赤飯が最初で最後であった。

七月二十二日、旭川を過ぎる頃から北上する列車が停車するたび帰農者の一団がぞろぞろと下りた。士別という小さな駅に二十二世帯八十数名の家族が下車したが、それが拓北農兵隊士別隊であり、私たち母と姉との三人もその中にいた。役場前の公会堂に入ると報国婦人会の炊き出しで握り飯が用意され、板の間のゴザの上に私たちは座った。しばらくするとそこへ一人の男がやって来て、帰農者受入地の実状が伝えられた。土地も家もここにはないというのである。道庁からきたのは帰農者割当ての書類だけで、用意された開拓地や墾やされた土地はない、農具も種子もきてない、と彼は云うのだった。「そんな筈はない」と彼を取り囲む人たちに対して「しかし土地は、拓殖銀行が農家から差押えて荒地となったものならば幾らでもある。それを自分達であたって小作するなり買うなりして開墾するつもりならばいいだろう。ただし、そういう土地は何代も百姓が夜逃げして捨てていったり、暮らせなかった土地だ」と彼は云った。後に私たちの指導員になる馬車追い組合のＹの言葉に帰農者は耳を疑った（一二八〜一二九頁）。

「戦災者にひらく北の穀倉」「新録の開墾地は招く」「住宅の用意あり」「農具及種子は無償給与す」という謳い文句はなにひとつ用意されていなかった。それのみならず、間もなく町長と警察署長が現れ、「東京からこの士別へやってきて、この土地にヤミをはびこらすようなことは厳につつしんで貰いたい、違反者は断乎取締る」、と警告したのだった。

やがて一行は町から数キロ離れた寺に分宿し、入植する土地もないので既存農家に頼まれて牧草刈りや除草などをした。しかし、入植者の誰もが農業は初めてなので仕事は下手なうえにはかどらないため、しばらくすると頼みにもこなくなった。

それでも帰農者たちは、自分の住む土地を探し始めた。九月初旬になって、街から七キロほど離れたところに、拓殖銀行の所有する泥炭の荒廃地を見つけた。そこは、葦や蓬や柳などの密生する地帯で、既存農家がソバを播くつもりで火入れをしたのが、まだ白い煙を噴いていていた。

案内した土地の老人から、「北海道で生まれた百姓でさえ夜逃げしていった土地で、東京の人間が、それもあんたらみたいな女子供でやれるわけない」といわれながらも、「私たち一家と他の四家族は、火入れ以来の煙が風になびきつづける泥炭地の荒地を、自ら選んで帰農し開拓することにしたのである。北海道上川郡士別町字下士別四十線東二号というところにその原野はあった。その頃までには、もうすでに何人かが二十二戸の帰農者の

荒れた土地に入植（『棄民』所収）

一団から脱落して帰京していった」（一三八頁）。

一〇月に入って開拓地に着手小屋を建て、自分たちで粘土を練って壁土を張り、一一月五日に丸太掘立小屋に移ったが、翌朝に目が覚めると、ふとんの上は白く雪が積もっていた。冬は伐採作業に歩き、春になると既存農家へ手伝いに行き、一日何回も「馬鹿野郎」と叫ばれながら農作業を体得し、泥炭地の開墾に着手した。

開拓一年目に播きつけたのは、じゃがいも、燕麦、小麦、小豆、ソバなどであったが、やせた土地からの収穫は少なく、燕麦が反当たり二俵、じゃがいもが一〇俵というわずかなものだった。普通畑の四分の一ほどの収穫だったが、それでも開拓成績の優秀な一家として北海道庁長官から表彰された。しかし、畑からの収穫だけでは食うことができないので、冬になると造材人夫として働いて暮らした。
三年目には水田を造田して稲を植え、「秋、はじめての水田四反歩から二十二俵の米がとれた。嬉しくて嬉しくて町の知り合いや友人たち、姉の同僚に袋に入れた新米を配って歩いた」（一四二～一四三頁）という。

泥炭地を開墾して二〇年

これまでは入植直後の苦闘を中心にのべてきたが、友田は二〇年余にわたってこの地で頑張り通した。その貴重な体験を記録したものは少ないので、以下、少々長いが「戦後北海道の開拓」から引用する。

水田耕作二年目、開拓四年目でようやく私たちの暮らしは軌道に乗るかに思われた。この頃までに拓北農兵隊士別入植の二十二戸は半数が東京へ帰り、残りの半数は事実上開拓生活をやめたり、郵便配達夫、銀行使丁、日傭い労務者を本業とする兼業農となっていた。下士別の元教員で小樽出身のSも街に移り、残った四戸と中士別へ入植のガラス業だったM老人夫妻とその息子だけが定着した。火災をおこした写真店出身のMは東京へ帰った。西士別の国有林皆伐跡地へ入植した数十戸の開拓民も辛酸をなめているようだった。そして私たちには、過重な供出割当てと更に加えての追加供出、重税がかぶさってきていた。

私たち開拓農家の生活は、まだ開拓着手小屋で荒莚の上の暮らしから脱けだせないでいた。そうしたとき数ヵ月分の生活費に等しい農業所得税が課せられた。経済九原則のドッヂ旋風が吹きあれたときである。米の供出割当てにしても所得税にしても、開拓農民のそれは開墾費用の控除や、開墾田畑の農作物への供出割当ては通常割当とは異なる基準がある筈であったが、どうしてかそれを適用してはくれなかった。米の供出割当は、割当量を完遂すれば一年間の食糧保有米が確保できないほどのものだった。馬糧用の燕麦と大豆で代替え出荷をしてようやく完納した。畑作物の供出割当は戦後二、三年を経て、比較的ゆるんでいた。

いっぽう当時はまだ超過供出報奨制度が残り、割当量以上の出荷には通常価格の三倍の価格が支払われた。それは馬鈴薯にも同様措置され、多くの農民が超過供出を行なった。その馬鈴薯の供出割当が私たちにはなされず、町の産業課へお百度踏むように懇願しても割当はなくても供出はできるの一点張りで追いかえされた。近隣の町村役場では、開拓農民にある程度の超過供出可能の割当を政策的にとったところもあるようだった。私たちが普通価格で収穫した全量の馬鈴薯を出荷するとき、既存農家は超過の三倍の価格でどんどん供出した。痩せた荒廃地開墾とは異なる熟畑では、ようやく出廻ってきた肥料・農機具等の復興資材で著じるしい生産回復をみていたからである。また、澱粉製造業者は私たちから普通価格で買いとった薯を製品化して三倍の超過価格で政府に売渡せる仕組がそこにあった。

部落の電化が行なわれたのもこの頃である。各戸負担は資産・経営程度で数ランクにわけられて、帰農者は最も低ランクに格付されはしたが重く苛酷なものだった。戦後緊急開拓要綱では電化・土地改良などに開拓者は特別助成措置が得られることになっていたが、数戸ずつばらばらに土地を選ばされて入植した東京戦災帰農者には、この町の為政者はいわゆる開拓助成の対象につなぐことを怠り除外しがちだった。

例えば村境である下士別の私の開拓地から道路を距てての隣村は、たとえ一戸点在でも荒廃地開墾営農者は助成対象として扱い、彼等は補助による安い肥料を用い、高い超過供出価格で出荷できるよう配慮されて自立促進が行なわれていた。融資も電化も土地改良も同様であった。私たちは当然の助成措置を受けられなかった。こうしたことは町や村の権力者・行政担当者の判断と思想の落差からおきる苛酷な異同であろう。そして、こうした私たち帰農者に対する重い供出割当・重税・生活難に対し、既存の一般農民は全く平然とみてみぬふりをした。彼等からみれば、私たちが苛酷な割当と重税に苦しむのも部落の和を保つには必要なことだったのである。彼等も供出割当と重税には苦しんでいたが、帰農者・開拓者とはその程度が違っていた。

その頃、私は冬山で働いての帰途、夜具を背負って家に帰りながら街の書店で一冊の本を買った。長塚節の『土』である。電化まえのカンテラの火をかきたてては読み続け深い感動にひたったことを忘れられない。『土』の世界は、数十年を経ているのに、全く、私の開拓地をとりまく村と同質のものに思われた。私が冬山で働く間、母は髪油や莚・叺等の注文をとって村の中を行商したが、そこで触れてくる農民とその家族のさまざまな姿をきき、日常接する周囲の農民の状態・思考・性格・習慣には、都会の生活者であった私たちには理解し難い不合理が数多く存在した。そうした生活の中で、私は次第に知識欲にかられていったが、その私を農民たちは敵意と不快の眼で眺めた。（中略）

青年期特有の人生的煩悶にぶつかったのもこの頃だった。もともと私の開拓生活の出発にはそれがあったたし、私は、私たち母子の場合、そのことで人間的復権をしたいという願いがあった。私は父を知らず、子供の頃、それと知らされず会っていた人は、戦後間もなく死んでいた。しかしまた、私のそうした煩悶は、周囲の農民たちをみていると、ひどく贅沢なことに思えたりもした。

例えばS老夫妻の離農後、満州から引揚げて入植したYはH家の主人公の甥であったが、父に逃げられ母に捨てられてH家で育ったのだった。私の開拓地の近くの誰彼にもそのような者は多かった。既存農のKでは盲目の老婆が膝で這いながら家の周囲の畑で草取りをする姿をよくみうけたが、当主のKは幼い日にその母に捨てられ、長じて小作農民として自立したとき母が帰ってきたのだという。Kはその母を母として扱わないようであった。

M兄弟の場合はこうである。夫に去られた母と娘の小作農に一人の男が婿養子に入った。彼は母と娘とに一人ずつ男子を生ませ、それを兄弟として育てた。母の方は泣きの泪で日を送り盲目になったといわれ、その家族は一つ屋根の下に肩をよせあって暮らしていた。また、私の開拓地の斜め向いには古い倒れかかった家があったが、昭和初年の凶作・農業恐慌期に農民Fはその家の梁に縄を下げて首をくくったという。

北海道へ渡って間もなく、本明寺から分宿したS家には二人の子供がいたが、数年後のある夏祭にサーカスへこの子等を連れていったことがある。その子たちは見あきて疲れると、ゆり起してもサーカス小屋の土間の泥の上にねてしまう。いつも親について畠へ行き泣きながら親の後を追っても構ってもらえず、遊び疲れ泣き疲れて畠の上で泥に頬や額をつけてねいってしまう日常が習性となってしまっていることに驚いたものだ。親たちはそれを不憫と思いつつ馴れてしまっていた。疲れた母親の乳房をくわえた儘窒息死したり、甚だしいのは棟つづきの畜舎から出た豚に、居間で眠ていた赤ん坊が噛み殺されたり、赤ん坊の上に猫がねて窒息死させ、駐在所から間引の嫌疑をうけて取調べられる中に発狂した農夫などもいた。それらはみな忘れがたい強烈な印象と憤りを私に与えた。

そして、そのような話は随所にあった。また、農民からきかされ、知らされる戦前の小作時代や更にそれ以前の開拓初期の農民の状態は想像を絶することだった。それに比べればお前たちは、と私たちは云われた。そして、私たちを帰農者と蔑視し、甲斐性なし、東京者に何が出来るか、俺達百姓がかつてなめさせられた辛酸はお前たちに判るか、と白眼視する農民の多くも、内地府県の農村から追われ、棄てられ、逃亡し流亡してきた者であり、その末裔であることを知らされたのである。

既存農民の生活は、さすがに私たち帰農者に比べて遙かによかったとはいえ、敗戦直後の食糧インフレが下火になり、やがて強権供出と重税に苦しみだす頃には決して豊かとはいえない状態に変っていた。記憶の中にある少年の頃の生活、東京での生活、戦時下のかなり窮迫した暮らしになっても、北海道の開拓地の周囲の農民の生活に比べればまだしもよかった。農民の生活は不自由で暗くみじめなものに感じられた。

六十年以降急速に都会と農村の格差はちぢまってゆくが、いっぽう脱落し離農してゆく群れが増大する。主として開拓地の農民や山間部の農民だ。

一九五三年と五四年、北海道の農民は天候不良から数年振りに冷害凶作にみまわれる。ついで五六年には数十年来という大冷害にみまわれる。冷害は農民にも開拓者にも異常な打撃を与え大きな負債を背負わせる。多くの脱落者離農者困窮者が開拓民の中からでる。農産物の集散の中心都市には身売防止相談所がもうけられた。この冷害凶作を経験するまで、私には農民がおかれる社会的状況というものが理解できず、私は村中を敵にしても自分にとっての真実をなどと生意気に考えていたのだが、数度の冷害が与えた影響の大きさと農民の対応のしかたをとおして農民とその家族が話してきかせる昭和初年の連続凶作と農業恐慌の様相と、寄生地主制下の農民の状況が、始めて自分の開拓の経験とないまざって眼の前に現われてくるような気がしてきたのである。

私は五四年頃から農民運動にすこしずつ近ずきやがて傾斜していったが、しかしそうした意識とは別に、自分の開拓生活をとおして抱かされた、状況を変えようとしない既存農民への生理的に近い反撥を根深く長い間もたされ、そうした感情は抜き去ることは難しかった。

私の一家や士別に入植して定着した戦災帰農者の生活が、安定的になり、一般既存農民に伍して農業経営が行なえるようになるのは、入植後約十年を経過してからだが、その頃、前記のような冷害が襲うわけである。東京・大阪などから、都市戦災者集団帰農応募者はおよそ三千世帯といわれる。定着し営農を続ける数は一割に満たないとみられている。戦災帰農者ばかりではなく、緊急開拓実施要綱以後の引揚者・復員軍人など農村出身者の開拓地定着率も極めて低く、士別町西士別の国有林皆伐跡地に入植した数十戸の開拓者も十数年を経た後では十数戸を数えるに過ぎない。

下士別の開拓地で、私は一九六四年まで営農を続けた。アレルギー性疾患（牧草花粉によるアレルギー、枯葉熱ともいう）で営農が続けられなくなって、三月、離農し開拓地を去って札幌に転出し、北海道の農民組織である全北海道農民連盟に専従活動家として勤務した（一四三〜一四七頁）。

なお、先にものべたように帰農者適格審査で「あなたの家族では無理」だといったのは、北海道から派遣されて来ていた更科源蔵で、入植して十数年後に会った折、「そりゃ僕ですよ、君。そういえば君のお母さんだったのですなあ、思い出した思い出した、女の人がいた。あの集団帰農には、僕も、申しわけない責任をもっていると広い額に手をやって、この眼のきれいな詩人・アイヌ研究家は云われるのだった」と、懐古している（一三六頁）。

友田は一九六六年、新しい子どもの歌創作全国コンテストで特賞を受賞。六九年、『詩法　ベトナム反戦と愛の詩集』で第二回小熊秀雄賞を受賞した。著書に詩画集『ちいさなものたち』『仔馬／羊たち』『野の花』や童話『ぶたのここぶた十三びき』『ぼくんちのすてきなともだち』『北の時間――谷川俊太郎対談集』などの他、北海道農民運動史、エッセイ集などがある。


第三次農兵隊について地方史では、以下の紹介がある。

『美深町史』（一九七一年版）は、七月東京や大阪から三三戸の開拓者を迎え、玉川・西里・清水などに入地した。これらの人たちはほとんど農業経験が無く、裸一貫で入地し、わずかな農機具購入資金と一律一万円の現金（純資金）を政府から借りて開墾したが、その苦しみは容易ではなかった、と記述している。

なお、友田の入植地である『士別市史』には、第三次拓北農兵隊についての記述はなく、戦後開拓として、八月神奈川県から三〇戸の緊急疎開に始まり、離職者、引揚者などが続々と各地に入地したとある。

4　空知支庁へ入植した神奈川隊

七月三十日

ほとんど隙なしにやられた空襲の中でそれでもどうやら無事に神奈川隊を送り出したといつて老人組が帰つて来た、老人組は一人もやられなかつたのだ、面の皮と同じ胃袋も靴の底みたいになつてゐるのだなと、軽口が言ひるくらひになり、やつと夜は重湯を二杯と梅酢少々をすゝる。
生田さんや金子さんが来て頭を冷やしてくれたり色々心配して呉れる、夜になつて隣のお医者さんが又来て診てくれた。

第四回町村別受入決定戸数

支庁名	町村名	下車駅名	受入戸数	備考
空知支庁	北村	岩見沢	三〇	
	幌向村	南幌向	三〇	
	美唄村	美　唄	四九	

長沼村	長　沼	四〇
江別乙村	江別乙	二〇
月形村	石狩當別	二五
新十津川村	滝　川	四二
妹背牛村	妹背牛	二二
由仁村	由　仁	一五
合計		二七三

更科源蔵『滞京日記』には、神奈川隊を引率して北海道へ帰る仲間の送別会で食あたりをして壮行会へも行けず、寝込んでいる様子が記されている。この神奈川隊は、道央エリアに属している空知支庁にそれぞれ入植した。長沼については筆者の体験を第四章に記すので、美唄村に入植した浅野正千代の体験をのべよう（「思い出を巡りて」、美唄市市民文集『語りつぐ戦争のころ』第一集、一九九五年）。

美唄村に入植した浅野正千代の場合

浅野さん一家は東京から戦火を逃れて実家のある藤沢市鵠沼海岸に疎開してきたものの、

次第に鵠沼海岸も小型機の襲撃がはげしくなり、家族五人を守るために新たな疎開先を考えなければならない時が来ていた。

集団帰農

昭和二〇年七月、次官会議で「北海道に集団帰農として行けば農地一五町歩を無償で与える」と回覧板が来た。お米が自分で作れる。当時の私達にとってこんな魅力的な言葉はない。学生時代からブラジルへ行って農業をしたい希望を持っていた兄は大喜びで参加すると云う。私は外国のように思っている北海道へ行きたくはないが兄達と別れてここに残るのも心細い。理由は、上の姉は義兄海辺誠次郎が三井物産桑港支社勤務のため八年も前から日本にいないし(戦争当時は奉天へ転勤した由)、下の姉は義兄福井英一郎が文理科大学教授だったが後、東京気象台に移り昭和一八年夏からは北京の気象台長として行ってしまったし、今又兄が北海道へ行けば末っ子の私一家だけになってしまう。兄は「稼働者が四人居る者」と云う参加条件がいるので私達をしきりに誘う。

とうとう兄達と一緒に行くことに決心した。お米はどうやって出来るものか、農業がどんなに辛いものか全く知らない者同士、只々子供に御飯が食べさせられるならどんな辛いことでも凌いでみせると云う悲愴な意気込みだった。荷物の数、重量の制限があり幾つかのグループを作って七月一五日いよいよ見知らぬ北海道へ向けて出発することになった。

空襲は益々はげしく、青森港がやられたとのことで横浜で一時待機すると云う。事務所のような空家に大勢合宿だ。電気がつけられないため仮設トイレは汚物で足の踏み場もない。長い板を二枚渡しただけのものは大人でも恐ろしい。幼い二人に用をさせる私の方が泣きたい位だった。このことは今でも時々夢に見る。一〇日余りたってやっと汽車に乗ることができた。昼は止まって夜だけ動いていたらしい。青森は空襲の後も生々しく連絡船に乗り込むまであちこち煙を吐いていた。やっと青函連絡船の出航だ。

行先はどこなのか、原野なので合掌小屋を造らなくてはならないと函館で大きな鉈と鋸を買う。

鍬とりて鋤とりて子等守らむと津軽の海を渡りては来ぬ

開拓農家

美唄からは当時の瀧助役（現市長の父上）と下河原氏が我々を迎えに来ていられた。「ミウタ」ではなく「ビバイ」と読むと教えられる。函館本線に一昼夜乗り八月三日やっと美唄に着いた。一面に樹の生い茂った原野を想像していた私は駅前の静かな家並みを見てびっくり、初めて戦場化した土地から遠く離れてきたのだ、もう大丈夫と喜びあった。

一同は先ず美唄小学校の屋体に集まり受入れ側の農家の人を紹介された後、一心の集会所に五家族程収容された。農家の人が真白なお握りとお漬物を持って来られた。大根もキャベツも大きく切ってあり、お魚が入っていてびっくりした。鰊漬けと云うそうだ。この時の嬉しさは今でも忘れない。もう一つ忘れられないことがある。連絡船で貰ったものと思うが虱である。シャツの縫目にびっしり白い卵が並んでいるのを拇指の背でプツンプツンとつぶす。もう汚いも何もない。この虱には二、三年も悩まされた。

間もなくラジオで広島と長崎に新型爆弾が落とされたと放送されたが精しいことは分からない。八月一五日、集会所に巡査が来て、一二時に天皇陛下の放送があるからラジオを聞きに来るようにとのこと。主人達が戻って来て「戦争は終わった、日本は負けたんだ」と云う。皆気が抜けたようになって言葉もない。これからどうなるのだろう。

八月末になって次官会議での約束「農地五十町歩無償で与える」と云う話は無いものと思えと云うのだ。今更内地に帰る気はない。百姓をやってみよう。お米を作ってみようじゃないか。兄と合同で水田を作るべく原野に七町二反の土地を買った。一〇月の寒い日二家族は馬橇に乗って中小屋と云う所へ行った。粗末な家と納屋があり、裏には川が流れ小さな橋がかけてある。兄達が母屋に私達は納屋に床を作り莚を敷きその上に絵のキャンパスを並べ入り口には莚を垂らした。

冬が来たが石炭の配給がないので防風林から枯枝を拾って来たり葦を燃やしたりしてストーブの囲りに噛りついていた。電気はなく僅かな配給の石油でカンテラをともした。川の水が凍り始める。積雪を除き鳶口で厚い氷を砕いて小さな穴をあけ柄杓でバケツに水を汲む。家まで運んで又行けばもう氷が張っている。一升瓶に水を入れて一晩おいたらガラスは割れ氷が瓶の形になっている。桶の水につけた茶碗も皆割れている。天井の藁束が一つ二つと落ちて布団の上に雪が積もり朝、箒ではく。初めて体験する原野のシバレの恐ろしさに到底筆には書きつくせない。

吹雪く朝寝息も凍る夜着の襟目覚むれば夜着一面の粉雪かな

めずらしく石炭の配給があった。

一級炭配給ありてこの宵ははじめてストーブらしく思ほゆ

小気味よく燃ゆるストーブ囲みつつ子等に鉢の木話聞かせり

春になると春水がつくと云って積雪の下を水が流れるのだ。部落の人が藁靴に桟俵をつけた物を持って来てそろそろ歩き、小学校に避難させてくださる。やっとお米作りの時期が来た。出面さんというのを頼み背丈程もある蓬を刈って農地を作った。馬を飼い兄と主人はプラオとかハローとか云う農具を使って部落の人に馬使いを習っている。兄は青山学院時代乗馬クラブにいたがこの馬とは大部勝手が違うようだ。私達は温床を作り、水につけた種籾を蒔き少し伸びると稗抜きをするのだが稲との区別がつかず出面さんに叱られた。田植えの腰の痛さ、つらさ、色々な野菜作りもした。

播上げや防風林にカッコ鳴く豆蒔きて覚えし鳥はさくらどり

二年目は大雨で稲が水没したため、米の収穫は殆どゼロ。部落の人から又着物を添えてお米を買った。私が洋裁の免状を色々持っていることを知られた分教場（山本忠校長）から農閑期に部落の娘さん方に洋裁を教えてくれと頼まれ、週二回通ったが吹雪く日は腰まである雪原を漕いで行かなくてはならない。こうした無理が祟って私は又流産をし、医者に「百姓を続けていたら死んでしまうよ」と云われ、子供達のことも思い合わせて農業をあきらめようと考える。

楽しいこともあった。自分たちで作った餅つきをし餡餅や蓬餅を作ったり、唐きびや南瓜も沢山食べ子供達は丸々太った。

芋南瓜大豆唐きび燕麦を蒔きあげしこと誰に語らむ

手の豆のかたくなりたるこの日頃鳥の啼く音もやや聞きわけつ

こうした折、教育委員会の方から学校の先生になって貰いたいとの話があり、電気、水道のある住宅に住めるという魅力もあって、農業を続けるという兄達とも別れて、一九四八年三月、雪の中を馬橇に乗って町に出た。また、主人の浅野日出男も美唄盤ノ沢小学校の教師として勤務することになった。

なお、八月三日に美唄に到着した神奈川隊は四二戸、一八二人であった。この神奈川隊は当初の計画では、次に述べる上川・空知支庁へ入植する第四次として一緒に出発する予定であったが、青函連絡船の撃沈により出発が変更となったため、単独の出発となった。そのため『滞京日記』では、神奈川隊は第何次とはなっていない。

5　上川・空知支庁へ入植した第四次農兵隊

八月四日

本格的な東京の夏が来たやうだ。黙ってゐても汗がだらだらと流れ、空を見上げると白つぽく光り木蔭に立つても涼しくはなくて、むせつぽい風が葉裏を見せて吹いて来る。

今日は第四次の送り出しで苦しい汗を流した、協会員も都庁役人もたゞだらりだらりとしてゐるだけで東京を後にして北辺に新生活に飛込んで行く人達のことなど全く映画にうつゝて来る人を見てゐるやうに無表情である。多志度へ行く隊の中に更科といふ名札をつけてゐる人がゐたので訊いてみると父が新潟の西蒲原だといふが、父の代から東京へ出てゐたのだ、紋所は雁であつたが、カリガネは借金だから裏紋の鹿角を用いてゐるといふことだつた、家でも裏紋は同じ鹿の角であるから詳しくしらべたら親類であることはまちがひがないだらう。

第五回町村別受入決定戸数

支庁名	町村名	下車駅名	受入戸数	備考
上川支庁	美瑛町	美瑛	五五	
	神居村	旭川	二〇	
	東鷹栖村	旭川	一〇	
	鷹栖村	旭川	二八	
	神楽村	旭川	二〇	
	東神楽村	旭川	一九	
	東川村	旭川	一四	
	菱別村	菱別	一六	
	美深町	美深	一四	

空知支庁	下川村	下川	一六
	智恵文村	智恵文	二〇
	多度志村	多度志	一六
	秩父別村	筑紫	二一
	一已村	深川	二六
	納内村	納内	一三
合計			二八八

第四次農兵隊は北海道の中央部に位置する上川支庁に入植したが、第四次に関するものとしては、大原槇子『クマイザサの二十三軒――東京から来た拓北農兵隊』（北海道新聞社刊、一九九八年）と木村 豊「空襲で焼け出された者の記録――ある拓北農兵隊の戦時と戦後をめぐって」（『日本オーラル・ヒストリー研究』第八号、一二五～一四四頁、二〇一二年）がある。どちらも現地調査にもとづく貴重な記録である。

まずは、『北海道新聞』が報じた記事（一九四五年八月一一日付朝刊）をみてみよう。なお、ここに記されている第二陣というのは、第三次拓北農兵隊が上川支庁へ入植したのに続いて、この上川支庁に第二陣として入植したという意味である。

ようこそ　農兵隊百廿戸上川入り

暴惨極まる米鬼に増産をもって復仇を誓ひ戦災帝都を後に渡道した〝拓北農兵隊〟第二陣百二十五戸六百二十三名は意義深い大詔奉戴日の八日午前八時二十六分旭川駅着臨時列車で上川入りをした、帰農を決意してから夢にまで描いた穀倉上川の新天地がいま豊かな作物の生育に彩られ隊員たちの眼前に展開されたのだ、列車から降りた一行のどの顔にも安堵の色が宿り長旅の疲れも見せず頗る明るい、駅前広場に小憩の一行は上川支廳女子職員の心からもてなす冷たい麦茶に喉をいやしてのち藤森支庁長から

戦災のため一家を挙げて来道された諸君に対し心の奥底より御同情申上げる、時局下最も大切な食糧増産のため今後の御活動を期待してゐる、受入側町村でも諸君の一日も早く入地されることを待ってゐた、そして今後の生計についても種々相談出来るやうすべての準備を調へてある、たゞ本道開拓とは一口にいっても今後なにかと苦労があると思ふが勝つための増産であることを自覚し一日も早く目的を達成されるやうお祈りする

との激励の言葉を受けて一行は新しい土地への希望に足どりも軽く関係町村吏員、農業会職員らに引率されそれぞれ現地に向った。

神居村共栄での飢えとのたたかい

第四次の記録として広く読まれている大原槙子『クマイザサの二十三軒――東京から来た拓北農兵隊』の神居村共栄（現・旭川市）に入植した人たちの、飢えとのたたかいをみてみよう（五〇〜五三頁）。

神居共栄の拝み小屋に移り住んだ九月、あたりは東京などと違って、朝晩ひやりとする空気に覆われていた。東京部落の人たちは、早くも体が縮まるような感触を味わった。北海道ではこの時期、畑や水田の耕作ができるような季節ではなかった。入植者たちは、ただ次の春が来るのを待つばかりで、みんな不安を抱えていた。まだ正式にどれほどの土地がもらえるのか分からない。それに、毎日を生きていくための食糧配給もないのだ。食うや食わずで、よろよろとして倒れる寸前の人も出てきた。

「飽きるほど食べられるといわれて来たが、あれはウソだったじゃないか」。不満を訴える声が、部落内のあちこちから聞こえてきた。これまでに一度だけ配給があった。みんなが喜んだのは束の間、わずかばかりの馬鈴薯だけだった。先に二軒が部落から出ていったから、二十一軒で分配しても、一家族あたりいくらでもなかった。一、三食ですっかり食べ尽くしてしまう程度の量である。神居役場からは「ヤミで食糧をあ

拝み小屋

さるのは、絶対しないように」ときつく念を押されていた。

「ではいったい、我々はどうやって生きていけばいいのだ」。人間が生きていくのに必要な衣食住の、どれもが入植地に用意されてはいなかったのである。「衣」は戦災にあって着のみ着のままの状態。「住」はといえば粗末な拝み小屋。そしていま、「食」の問題が喫緊（差し迫った）の課題となっていた。ここに入植する前は、つい先日まで空襲下の都心から近郊の農家へ買い出しに出掛け、トラの子の金をはたいてやっと食糧を調達していた。今度は共栄の山を下り、既存農家まで食物をねだりに行かなければならなかった。（中略）

十月になり、秋も深まるなかで、東京部落の人々は既存農家へ〝物乞い〟を続け、やっとの思いで命をつないでいた。既存農家の間では、東京部落では親が子に命じて畑から作物を盗ませている、というウワサも流れた。

焼夷弾に焼かれた街の死臭を体に染み込ませ、大都会・東京から移住してきた彼らを、地元の人たちは誰からともなく『乞食部落』と呼ぶようになった。そして、既存農家の営農が、彼らによって邪魔されないように警戒心を強めていったのである。

「拝み小屋」というのは「掘っ立て小屋」よりも小さく、丸太を斜めに立て掛けた屋根と壁を兼ねたもので、両手を合わせたように見えることからこのように呼ばれた。

第四次拓北農兵隊として上川支庁へ入植した人たちの過酷な体験を取材し、『クマイザサの二十三軒』を上梓した大原槙子は、『北海道新聞』に掲載した「書き終えて」で、次のように訴えている（一九九八年一一月二四日夕刊）。

「拓北農兵隊」は戦争の後始末として、戦後緊急開拓が始められるよりも前の、いわば戦中と戦後のすき間に設けられた、戦争「棄民」である。

十分な保障もなく北海道の原野に放り出され、戦後開拓政策のなかに横滑りさせられた人々。大空襲による地獄を見てきた彼らは、北海道の山林に入植後も、血と汗と涙を絞る労苦を味わい続けた。そして大半は離農した。だが、払い下げの国有林をくじ引きで割り当てられてさえ、未開墾地に果敢に挑んだ人々の、真摯（しんし）な生き方に触れるとき、人間の尊さや奥ゆかしさを改めて知らされる。そして神居共栄に東京部落があったことを証明する「雨紛囃子」が残っている。人間がそこに生きたあかしとして、あるいは文化がどのように伝えられて行くかの、価値ある手本である。

6　十勝支庁へ入植した第五次農兵隊

八月七日

坊やの夢を見て目をさました、待つてゐるだらう、何か着物か何かを着せられてゐるところへ帰つて行つたら、こつちを見てにつこりした。目をさましてまだ東京にゐることがもどかしい、仕事の忙しい時はさつぱり家のことを考へる暇もなかつたが、仕事が隙になつて来るとこつちにゐたつて意味がないと思つてからは急に家へ早く帰りたくなつた。（中略）

第五次の農兵隊を送り出す、津軽海峡がやられてから棄権者が次第に多くなつて来た。

第六回町村別受入決定戸数

支庁名	町村名	下車駅名	受入戸数	備考

十勝支庁	新得町	新得	二〇
	清水町	清水	二六
	御影村	御影	二七
	鹿追村	鹿追	五〇
	士幌村	士幌	五〇
	上士幌村	上士幌	四〇
	音更村	音更	一〇
		木野	一〇
		駒場	九
	幕別村	幕別	四〇
合計			二八二

第五次農兵隊は北海道の尾根といわれる大雪山系と、日高山脈を境として太平洋に広がる十勝平野に入植した。このうち鹿追村と音更村に入植した記録を紹介する。

鹿追村の場合

入植までの様子を中山厚は、次のように語っている。

板橋区で『拓北開拓団』を募集すると三二戸四九名の応募があり、七月中に団体を結成した。応募した人たちの職業は様々で、魚屋、印刷工、大工、教員、画家、新聞販売店、その他で雑居集団であった。

第一班長は大郷喜代治、第二班長は松岡潤一郎がその任に当り、家財を整理し、生活用品を荷造りして発送したのが八月二日で、団員は八月七日に出発となった。途中幾度かの空襲と艦砲射撃を受け、そのたびに列車は止まり、またトンネル内に避難するなど不安と危険な旅であった。

仙台では四日間の足止めとなり、学校の焼け跡のコンクリート壁を塀にして仮宿生活を送り、津軽海峡を渡ったのは八月一二日であった。一四日に鹿追に到着し中鹿追集会所が仮の住居となったが、神田さん一家などと共同生活であったが、空襲も爆撃もない静かな夜であった。

函館港には、当時の村長黒沢友寿が出迎え、また新得駅には役場書記川染重が出迎えて到着を待った。出迎えを受けた一行が拓殖鉄道で鹿追駅に辿り着いたのが、奇しくも第二次世界大戦終結の前日八月一四日であった。

翌日は予想もしなかった終戦を迎えたが、明日からの食料と生活の場である住宅の問題が控えている。旅の疲れを癒す余裕もなく、早速取りかからなければならない。しかし、不運にもこの年は大凶作の年で、既存農家にも余裕はなかったが、各部落民、実行組合などの協力を得て、食料の確保と、居小屋づくりの作業は順調に進んだとはいえ、秋の短い北海道はたちまち冬を迎えた。東京育ちの人びとには零下二〇度を越す冬の生活は、想像を越えていた。

越冬食料の確保、暖房用の薪づくりもあるが、防寒衣類を持ち合わせない人たちにも寒気は襲った。にわか造りの住宅には雪が舞い込み、布団の衿には霜が降りる日が続いた。夜は電灯のない薄暗いランプの下で既存農家の開拓時代の話に耳を傾け、励まされたり慰められたりして、新たな勇気を奮い起こしたのであった。

北海道農業に経験のない人たちでは一年分の食料の確保も容易なものではない。既存農家の指導を受け、また手間代えなどで起耕、播種、肥培管理などの協力を得て、稔りの秋を迎えたときの感動は、経験した者でなければわからないものであった。とはいっても、収穫したものはかつての開拓者が経験した麦、馬鈴薯、南瓜、そばなど食用作物が主で、販売作物にまでは至らなかった。

やがて数年を経て経営基盤も安定に向かったが、朝鮮戦争の影響で景気が上昇すると、東京懐かしさで帰京する者、また転業、転職する者が出るようになり、徐々に残存者組、離農者組とそれぞれの道を選び、現在では極く僅かに在住するのみとなり、その人たちも代が代わって二代目になっている（以上、『鹿追町史　概要』より）。


北の大地に生き、三二歳の若さで夭折した神田日勝

ここで先の中山厚の記述に神田さん一家とも共同生活したとあるが、〝半身の馬〟で有名な画家・神田日勝一家のことである。ここで日勝について触れておこう。

『鹿追町史』（一九七七年刊）によると、終戦前日の八月一四日に集団帰農者が鹿追村に着いた。新得駅で拓殖鉄道に乗り換えるため、駅構内に積まれた世帯道具は、焼けたヤカン、つぶれた洗面器など、およそ東京から来た人たちにはそぐわないものばかりであったという。村の人たちが「東京疎開者」と呼んだこの一行の中に、後に画家として有名な故神田日勝少年も加わっており、藤井耕達画伯や後に村会議員となる木村政重や野口庄吉等がいた。

神田日勝は一九三七年、東京・練馬で生まれ、幼少より絵に興味を示した。八歳のとき

鹿追町東町に建つ神田日勝記念美術館

東京大空襲の戦火を逃れ、家族ぐるみで拓北農兵隊に加わり北海道へ渡った。そして、鹿追集会所に仮住まいした後、秋になってやっと鹿追村クテクウシ区画外三五番地の開拓用地に入植した。

一三歳で鹿追中学校に入学して美術部を創設し、三歳上の兄一明の影響で油絵の制作を始め、卒業するとき「特に美術に優れていた」というので、異例の賞を受けた。中学を卒業した日勝は、東京芸術大学へ進学した兄の一明に代わって農業を継いだ。すでに、入植後八年が過ぎていたが、相次ぐ冷害で日勝を取り巻く状況は厳しいものであった。

しかし、農作業のかたわら一九歳のときベニヤ板にナイフでなくコテで描いた

「痩馬」を帯広の平原社美術協会展に初めて出品して、朝日奨励賞を受賞した。翌年も平原社展に「馬」を出品して、平原社賞を受賞した。この頃、青年団の一員として演劇発表会に出演するほか、演劇舞台装置も手がけた。また、青年団の弁論大会では一位となるほか、釣り、陸上競技、相撲など多方面で活躍した。

さらに、二四歳の時、第一六回全道美術協会展で「ゴミ箱」が北海道知事賞となり、兄一明が道教育長賞を受賞し、兄弟同時受賞として話題となった。これ以降も入選を重ね、北海道を代表する画家として評価を高めていく。

だが、一九七〇年には全道展に代表作「室内風景」を出品したものの、六月下旬に風邪をこじらせて入院し、病状が悪化して八月二五日、腎盂炎による敗血症で三二歳の若さでこの世を去った。

北方文芸賞、泉鏡花文学賞などを受賞した作家で、神田日勝記念美術館館長を務めた小檜山博は、次のように語っている。

「なぜ農民である日勝は馬具をつけた馬を描かなかったのか。農民でない者なら描くだろう。日勝は描けなかったのだ。何十キロもの重い馬具を体につけた馬が可愛想で描けなかったものに違いない。だから、すべての馬の絵は一本の綱もつけない、素っ裸の馬になったのだろう。馬具をはずして楽になり、ゆったりとまどろんでいる裸馬の姿に、日勝は無意識のうちに自分自身を重ね合わせ、自分の人生を見ていたに違いない。

日勝の絵にひそむ哀しみの影には、八歳で戦火に追われて東京を出るとき死んでゆく人々の光景と、上の学校へゆかず農業をした開拓者の呻きとつらさがこめられていて、見る者を殴り倒すのである」。

この小檜山氏と会えば酒をたのしみ談論風発する仲の信濃デッサン館・無言館館主の窪島誠一郎は、「神田日勝――馬」について次のように評している（『最期の絵　絶筆をめぐる旅』芸術新聞社刊、二〇一六年、七七～七九頁）。

日勝は東京から鹿追に入植してきた「疎開者」であり、いわゆる「開拓農民」だった。日勝一家が疎開先として鹿追をえらんだのも、当時の戦災者集団帰農計画の一環としてたまたま鹿追が候補地だったからであり、あくまでもそれは、空襲がはげしくなった東京の戦火からのがれるのが主目的だった。当時国民学校に入学したばかりの八歳の少年にとって、この地は見たこともきいたこともない異境の地であり、家族が緊急避難的にえらんだ他人の里なのだった。日勝にも家族にも、この土地を自分らの永住の地にしようとかいった気持ちはみじんもなかっただろう。

しかし、そうしたヨソ者ばかりが寄り添う鹿追の荒れ地で、懸命に鍬をふるううちに、一家にとってその地はかけがえのない生活の場に変貌した。何より日勝は、自分といっしょになって泥まみれで働く農耕馬に感動した。どんな激寒のなかにあっても、苛酷な環境にあっても、つねに人間に従順に寄り添い、土と格闘し重い荷を運ぶ馬の姿に、人間以上の愛情を感じた。そうした愛馬（一頭には白菊号という名をつけていたという）との生活を通して、日勝はいつのまにか、「室内風景」のなかにうづくまる孤独なひきこもりの男から、馬とともに働く歓びを知った一人の農耕者へと変わってゆく。

そして、それはまた、馬という生き物を最大無二のモチイフとし命題とする日勝絵画の出発をも意味したのである

そう考えてくると、日勝の描きかけの絶筆「馬」は、それまで何もかもをヨソ者の眼でしかみようとしなかった日勝が、自分自身を馬に「同化」させようと試みた絵だったのではないかと思えてくる。馬こそが日々の悲喜哀歓をわかちあえる「同志」であることを、日勝は最後の画布にきざみこみたかったのではないかと思えてくる。

日勝を慕う地元の人々の熱心な建設運動によって、一九九三年に鹿追町立神田日勝記念館がオープンし、その後、二〇〇六年に「神田日勝記念美術館」と改称して、帯広郊外の鹿追町東町に建っている。

音更に入植した佐方三千枝の記録から

もう一つ紹介するのは、さきに東京大空襲の体験を取り上げた佐方三千枝の「開拓者の娘としての十三年」の記録である。大変長文なので、残念ながらその一部の紹介にとどまる。

河東郡音更町音幌の国有地に入植

翌年、音更町音幌（現在の東和）の原生林（国有地）に入植した。入植地は、音更川の近くから帯状に川岸段丘を越えて、今は伊福部昭の碑が出来た「音和の森」に隣接する五町八反の原野だった。部落を南北に分ける天まで届きそうなポプラと、柏や楢、アカダモの生い茂る北海道的原生林であり、防風林の役目もしていた。

八月の空を狭めてポプラ葉の銀のひかりは蝶のごとしも

木の皮と藁の小屋なりひとつだけのガラスの窓に朝日はのぼる

「募集要項」を読み返すと、確かに「家と無償貸与の耕作地」とあるが、それらはどこにもない。途方にくれて父は町に相談したが、わからず、部落の人々が麦わらと莫蓙など持ち寄って家作りを手伝ってくれた。

まず、河岸段丘の近くに場所を決め、そこの木を伐り、地均しをした。丸太は皮をはぎ、やがて、三角兵舎風の小屋組みが出来た。明り取りのガラス窓一箇所と出入りのドアはあるものの、藁の上に木を敷いた床は莫蓙を敷いただけ、屋根は藁の上に木の皮を張ったキャンプ小屋に近い家だった。土間との仕切りに、大きな囲炉裏をつくり、薪を焚き、極寒を耐えた（三三頁）。

（中略）

土に真向かう

あまりの寒さと生活の大変さに、早々に開拓者の離農が起きた。ほぼ、夜逃げ同然だった。つまり、自分の責任でもと来た道を帰るのだったが、種や肥料の借金が払えなかったのである。

父の退院が夏頃だった。それを契機に、我が家は将来を考えたのではないだろうか。しかし、父はスコップと鍬で開墾をはじめた。最初は自給自足にもならないほどの収穫だった。父は、募集要項の約束実現のために、町、支庁、道庁、警察などと交渉した。右目と右の手を生かして、冬場は鋸の目立てをしながら生活を支えた。

新聞紙まるめてランプの火屋を拭くことがわたしの日課となりぬ

紬織りの雪袴（もんぺ）を穿きて祖母と母大地に日がな熊笹を抜く

蕗の薹こごみ行者にんにくを今日のいのちと大地にたまわる

雨あけの庭に柏茸（ぼりぼり）採る祖母とどんぐり運ぶリスとの構図

襲われし鶏かとまごう甲高き音して溜め水おたけびあげる

早暁の窓ガラスに咲く氷（ひ）の華（はな）を見よとぞ祖母はわれを起こしき

昭和二十四年の夏、三角小屋に妹が生まれた。産院にかかってはいたが、間に合わなかったのだろうか、隣のおばあさんが取り上げてくれた。終わったと思った時、お腹にもう一人いたという。母子ともに元気な双子の女の子であった。子供たちは母乳と山羊の乳ですくすくと育った。この頃には、部落の皆さんが気遣ってくれ、大きくなるにつれ、彼方此方で遊び、おやつもごちそうになった。

思うに、親たちの苦労とは別に、この地は、子供たちが育つにのには何ともあたたかい環境だったと思う。

開拓者はどこでもそうだったが、月々の生活補助もあったとは思えず、野草をてんぷらやおひたしにし、祖母も母も着物と食べ物を交換していのちを繋いだ。産湯を使う金盥や薬缶なども、帯広の広小路に出た出店で、着物と交換してきたのである（三四〜三五頁）。（中略）

そして、「今思うこと」として、最後に次のように結んでいる（三九頁）。

東京大空襲の犠牲となった弟のいのちに代わって、北海道開拓者として生きた祖母と両親の背中から教わったものは、あってはならない人間の醜い競争である戦争のおろかさそのものだった。

福島の原子力発電のメルトダウンは、風に乗って松戸にもセシウムを運び、一時水源が犯され、子供達の遊ぶ公園の土は、掘り返され埋め直された。

島国日本は、人間による自然破壊と原子力発電に、悲鳴をあげる。

いまや、戦後から護ってきた憲法の前文と九条の平和宣言が変更されようともしている。どんなことがあっても、戦争から命を護る憲法を失ってはいけない。父や母や祖母や弟に代わって、「もう、戦争はごめんである。」と言いたい。

今、七十四歳の私は、真剣にそう思っている。


幼くて戦禍に逝ける弟の魂（たましい）と思う　憲法九条

マンデラの訃報つたうる真夜中に人を護れぬ法が生（な）るとは

焼夷弾避けし壕より生きのびし最後のひとりとなりて老いゆく

この音更の地も、久保栄の『火山灰地』と深く関わっていた。『音更百年史』に久保栄が素材を求めて来勝したのは『火山灰地』を刊行する前年の一九三六年秋で、「市街からオサルシの沢の奥までこつこつと歩き取材を続けた」とある。

なお、佐方三千枝はこの音更の地に小学校から高校卒業まで住み、柏葉高校では文芸部部長を務めた。一九五九年に一家は上京し、法政大学経済学部経済学科を卒業。東京音更会幹事を二〇〇八年まで八期務め、広報『すずらん』を創刊、担当する。

一九九一年、綱手短歌会に入会し、第十二回短歌現代歌人賞「子規逍遥」(佳作)、第二十一回現代短歌評論賞「時代の子・正岡子規がもたらしたもの」、同第二十二回「もうひとつの中城ふみ子論」共に入選。二〇一〇年には短歌研究社より『中城ふみ子　そのいのちの歌』を上梓した。

幼き日遊びに採りし十勝石いまそれを見ず音更川に

これは短歌誌「樹樹」の創刊二十周年記念事業となる第三回樹樹大賞のなかの一首である。

このほかに、東京杉並から夫婦と子ども一〇人で上士幌村に入植した松本ふみ一家の記録がある。帯広百年記念館編集・発行のシリーズ『ふるさとの語り部』第十八号(二〇〇二年刊）に、空襲と食糧難の東京を抜け出し、拓北農兵隊として上士幌の地で戦後開拓にのぞんだ一家の歩みを松本ふみが語っている（長女の愛子も参加している）。ここではこの紹介は割愛し、第五章で改めて取り上げることとする。

7 後志・石狩支庁へ入植した第六次農兵隊

八月十一日

一時に下谷桜ヶ丘の学校へ集る、今日は今までの送り出しとちがつて送られる方であるが、この前は十五日にたつといふのに十四日に青函がやられ、今度も何かあるんでないかといふ予感があつたが、東北線がやられてゐるヶ所が大体十八時に出来るから今日は二十時三十分発になつたといふのである、それでもたてるのならいゝ、皆の顔も割合明るい。七時になつて一時十一番ホームに入れてもらふ、と間もなく警戒警報が出てホームが暗くなり、暗くなつた中を手をつなぎ合つた人々が汽車に乗込む、避難民らしい群、軍装した北へ行く兵隊、すべては戦争のあわただしさである、乗込んだがいつまでたつても汽車は出ない、通れると思つて二十時にたつた列車が引返して来たといふのである、一度解除になつた警報が又出たので、十時二十五分、六時間遅れで出発したが、それも退避の為で尾久の停車場近いところへとめられた。車燈を消して窓をあけると霧のある漠々たる夜である、秋虫が啼いてゐる、何かいぶりくさい匂ひがすると思つたら、昨日の爆撃でやられたのだといふ。寝苦しくて夜中になつても眠れず、汽車は空襲が終つてもいつまでたつても出ない。しみじみ戦場の中を行く汽車といふ感じがする。

第七回町村別受入見込戸数

支庁名	町村名	下車駅名	受入戸数	備考
後志支庁	狩太村	狩太	一五	
	京極村	京極	一五	
	前田村	前田	一五	
	倶知安町	倶知安	三五	
	発足村	幌似	一五	
	眞狩村	狩太	二〇	
	南尻別村	蘭越	二〇	
	黒松内村	黒松内	一五	

石狩支庁	喜茂別村	喜茂別	二五
	熱郛村	熱　郛	一〇
	留寿都村	喜茂別	一〇
	千歳町	千　歳	三〇
	廣島村	北広島	一五
	恵庭村	恵　庭	二五
	當別村	石狩當別	一五
	新篠津村	石狩當別	二〇
合計			三〇〇

最後に北海道へ送出された第六次農兵隊は、敗戦の五日前に出発して、旅の途中で日本の敗戦を知ることとなる。そして、動揺をかかえながら後志支庁の一一町村と石狩支庁の五町村にそれぞれ入植した。

ここでは、個人の体験記が見つからないので、『地方史』からそのまま引用する。この記録には、「戦後開拓」として行われた、外地からの引揚者の入植も含まれている。どこまでが拓北農兵隊で、どこからが「拓北農兵団」と名称が変わって継続していったのか不明なことが多い。
後志支庁の喜茂別村の事例を紹介しよう。

喜茂別村の『喜茂別町史』（一九六九年刊）**から**

日本の敗戦、無条件降伏がきまって一週間後の二〇年八月二〇日、疎開者の一団、一八戸七〇余名が喜茂別に着いた。それは東京都中野区からの人々であった。戦争が終わった後でいまさら疎開の必要もないわけであるが、彼らが東京を出発したのは八月上旬で、空襲の激しかったそのころ、東京から北陸に出て、昼は待避し、夜は汽車に乗って逃げるような旅であったので、終戦は津軽海峡のまん中で、乗っていた小さな漁船のラジオがキャッチした放送で知り、疎開指定地であった喜茂別へ着いたのが八月二〇日だったのだ。もし彼らの出発が一週間遅ければ東京で終戦を迎えることができたのである。しかも彼らはその時まだ戦災を受けていない一団であった。

東京疎開者の一団は留産原野の村有地に一戸二～三町歩の土地を割り当てられた。しかしこの土地は昔一度開墾して放棄し、その後へカラマツの植林をしてあるやせ地、しかも、まったく農作業の経験もない人々で、すでに終戦を迎えて開墾への意欲を失っていた。その上一時収容のため建てた共同住居が火災にあったりして不運が続き越年をまたず約半数が帰京してしまった。

さらに二一年、二二年と次々に帰京者は続き残留者はわずか一〜二戸になった。その一戸で現在市街地で舞踊の師匠をしている小林清一の手記の一部を次に掲げる。

「東京疎開者団体の団長だった比留間さんは郵便局長で、その他の人々もＮＨＫ職員、同盟通信職員、会社事務員、台湾人、調理師、応召や徴用者の遺家族といった構成でした。

どこかで運命の針がすこしばかり狂ったために私たちの疎開生活が始まりました。朝夕に見上げる尻別岳や蝦夷富士の偉容も美しさも、私たちの目に写る心のゆとりがなかった。食べる事に追われ、クワ一ちょう、ノコ一枚では立ちはだかるカラマツ林に手のつけようもなく、しかも、やがてくる雪への大きな恐れ、お正月までに約半数は東京へ帰りました。

与えられた開墾地にようやくカヤぶきの小屋を建てて冬を迎えました。朝、目が覚めるとフトンの上からへや中一面に雪がかぶっているということがしばしばあり、また毎日谷川へ水を汲みにさがる苦労、夜は薄暗いランプ、およそ東京の生活とは雲泥の差であります。その上私どもにはここで妻が出産をしなければならない大きな不安がありました。

私たち疎開団は東京で戦災にあっていなかったからみんな多少の荷物と貯金を持ってきました。しかし、その貯金も新円切りかえで封鎖され、結局はなけなしの衣料の売り食いで露命をつながざるを得ませんでした。一戸また一戸脱落していきました。〝芸は身を助く〟で、私はどうやら喜茂別町民の皆さんのお引き立てで、あれから今まで二〇余年におよんでおります」(同書、三七六〜三七七頁)。

そして、敗戦とともに「満州」、中国、樺太、台湾などから引き揚げてきた無縁故者たちは、「戦後開拓」として東京開拓者が棄てていった開拓地に入って、さらなる苦労を重ねるのだった。

以上、更科源蔵の『滞京日記』を導入にして、第一次農兵隊から第六次農兵隊までの体験記録をみてきた。心おどらせてやっては来たものの、集団帰農者が直面した現実は人間の生活とはとてもいえない、厳しいものであった。生活再建の目途も建たず、敗戦という予期せぬ事態にも直面して、早々とこの地を去った人びとを、多くの地方史は「脱落者」と記録している。拓北農兵隊神奈川隊の一員となった私たち一家は、どのような途を辿ったかについて、次章でのべたい。

4章

入植地・長沼での体験

1　馬追原野の地へ

ここに筆者にとって一枚の忘れがたい写真がある。

『長沼町九十年史』のグラビアに収められた「拓北横濱同志會　長沼入植三周年記念」と印字された写真で、当時、一七歳頃の兄は坊主頭で軍服のような服装で並んでいる。総勢二五人のうち、背広姿の役場の人たち以外は、森隊長をはじめほとんどの人がよれよれの軍服をまとい、足もとを見ると軍靴や下駄履き姿である。入植して三年が経っても、なお、戦災者の姿を留めていた。

一九四五年、冷害に見舞われた北海道は、八月でも肌寒かった。

この地に足を踏み入れた私たち戦災者はボロをまとい、長旅の上に列車の煤で汚れたその容姿は、まさに「ホイト」であったであろう。この地へ来て初めて耳にしたこの方言は、「ものもらい」「こじき」を意味するが、開高健の『ロビンソンの末裔』でも戦災者帰農集団を「乞食旅団」と命名している。

この私たち「横浜戦災者拓北農兵隊」(『長沼町九十年史』でこう呼ばれていた)の受け入れに、長沼村は一二〇〇〇円の予算を計上し、高橋村長や由仁の警察署長をはじめ役場の

横浜戦災者拓北農兵隊（昭和20年入植）（『長沼町九十年史』所収）

方々の温かい出迎えを受けた。そして、牛乳と赤飯の接待にも預かったのち、長沼第三国民学校へと向かった。ちなみに、この年の村の歳出は三七万七三四六円であった（『長沼町九十年史・年表』二〇三頁）。

この長沼で見た風景は、緑一色に彩られ果てしなく田園が広がり、初めて見るポプラの木々は高くそびえ、その遙か先には紺碧の空が広がっていた。

爆音や空襲警報もなく、灯火管制の下の夜空を照らす探照燈（サーチライト）の寂しげな灯もなかった。焼け跡で、なお空襲と飢えの恐怖におののきながら、暗いバラック生活を余儀なくされてきた私たちにとって、まさに別天地のようであった。

ここ長沼は空知管内の南端に位置し、夕張川下流域の低地帯に広がっている。南は千歳川、イカベツ川を境として千歳市および恵庭町に、北は夕張川を境として栗沢町に、東は夕張川、馬追山嶺を境として栗山および由仁町に、西は旧夕張川、千歳川を境として南幌および廣島村にそれぞれ接している。

辻村もと子の代表作『馬追原野』では、この地を次のように描写している。

夕張山脈の最高峰芦別岳を起点とする夕張川は、無尽の石炭層を埋蔵する山々のあいだをぬけ、南に大きく迂回して石狩平野の一隅から北上し、平坦肥沃な原野をうねうねと気のままのた打ちまわって、支笏湖から流れ出す千歳川と合流し江別で石狩川にそそいでいる。

　馬追原野は、この夕張川が最も奔放にその水路を曲がりくねらせている部分に当っているので、ところどころに気まぐれな水流がとり残していった古川が、いつか沼に変って濁った水をたたえている湿地をまじえた沃土であった。

　夕張川沿岸は、地味も肥沃だったので早くから移住者が開墾をはじめていた。運平たちが、夕張道路を久樽（くったり）から右にそれて夕張川の渡しをアイヌのあやつる丸木舟でわたり、はじめて馬追原野の入り口に入ると、そこにはもう四五戸の移住者が貸下地の開墾に着手していた。また、ここから、一里余の夕張川上流には、明治二十一年仙台藩角田領から団体移住した泉麟太郎ほか数十戸が村落を開いていた。


この『馬追原野』は、一九四二年に新文芸叢書の一冊として風土社から出版された。そして、神近市子が中心となって、東京のマーブルという喫茶店において出版記念会が開催され、同人誌の先輩であり、公私にわたってお世話した村岡花子ら二五人が参集した。そして、この『馬追原野』が、一九四四年三月、第一回樋口一葉賞を受賞した。

　この作品は父の辻村直四郎が神奈川県小田原の出身で、空知管内長沼の初期開拓者として書き残した詳細な開拓日誌をもとに書かれた農民小説である。

辻村もと子は受賞後、文学者会の業務に加えて、執筆依頼や人間関係の広がりによって肉体的負担も大きくなり、それとともに持病である腎臓病も悪化していった。そして、三月一〇日の東京大空襲によって勤めていた事務所も焼失してしまい、心配した母が迎えに来て四月に帰郷の途についた。そして、敗戦の翌年五月二四日、病床で出来たばかりの短編小説九編を収めた創作集『風の街』に頬ずりしながら、不帰の人となった。彼女もまた、戦災の苦しみを体験したのだった。

一九七二年八月、長沼町馬追丘陵の一角、マオイ文学台に『馬追原野』の一節を刻んだ文学碑が建てられた。

2 間もなく敗戦、そして出面の日々

私たちが入植した当時の長沼村は、市街地のある中央長沼と北長沼、南長沼、西長沼に分かれており、それぞれ碁盤の目のように東西南北に整然と区画されていた。南長沼の三号近辺に長沼第三小学校を中心に農協・巡査駐在所・消防署・蹄鉄や・床屋・米屋などが、さらに六号には郵便局や小さな商店などがあり、のちに南長沼中学校も出来たりして、田

舎ながらそれなりに賑わっていた。

長沼村は一区から三〇区に区分けされており、私たちは二〇区に配属された。ちなみに、長沼第三小学校を中心に配属された人たちのうち、記憶にあるのは次の方々である。近くの一九区には谷崎信行さん一家五人と飯島信男さん一家四人、一七区には奈良忠造さん一家八人、二〇区には木口政蔵さん一家七人、一五区には志茂繁太郎さん一家七人の五軒で、遠く離れた舞鶴小学校近辺に丸山菊三郎さん一家三人が住んでいた。このうち現在も住んでおられるのは、木口さんの次男である敏雄さん一軒のみである。

この木口政蔵さん、志茂繁太郎さん、丸山菊三郎さん、谷崎信行さん宅と私たちは親しく交際していた。特に志茂さんの長男である敏郎君は私と同級生で、第三小学校で六年間ともに学んだ仲であった。お祭りなどによばれて弟と泊まりがけで行き、志茂君の弟の東吉君たちと一緒に遊んだ楽しい想い出がたくさんある。また、志茂君のお姉さんの志茂若江さんは第三小学校の先生になり、私の弟が入学した時の担任であった。

私たち一家は長沼到着から程なくして二〇区の責任者をしていた柏木万吉さん宅の納屋に身を寄せた。この納屋での生活がどのようなものであったかはあまり思い出せないが、万吉さんの末っ子で三歳ぐらいの政己君がよく納屋へやってきて、生後半年ばかりの私の弟政治の小さな手や足をさすって、〃めんこいな、めんこいな〃と可愛がっていたのが良き思い出として残っている。一五年程前、仕事で岩見沢へ行った帰りに中央長沼でバスを降り、以前住んでいた所を見に行くためタクシーに乗ったところ、タクシーの運転士さんがなんと柏木政己君で、偶然、再会することができた。

万吉さんの納屋で二ヵ月ほど暮らした後、同じ二〇区の東六線南四号に五町歩余りの土地の払い下げを受け、二〇区の人たち総出で家も建ててもらった。

入植して間もなく敗戦を迎えることとなる当時の様子を、副隊長の服部清一郎は次のように書いている（『長沼町の歴史・下巻』五〇二〜五〇三頁）。

一週間後援農という名のもとに、田の草取りに出る事になりましたが、……中略……生まれて始めて田の中へ足をふみ入れる者ばかりで……中略……ひえ（稗）のつもりで稲を抜き、ある農家から途中で手伝いを断られた事もありました。そうこうするうち、八月十五日となり終戦ときまりました時はお互いに、アッと言ったきり、あとは言葉がでませんでした。しばらくしてだれもが、〝もう二週間横浜に居たら来なくても済んだものを……〟とさも残念そうに言いましたが、他の者も同じ気持で居たのは間違いなく、私の家族も帰る気になりました。

この八月一五日の敗戦をどのように迎えたか、私の姉たちもあまり記憶がないという。小学校へも上がっていない私には、広島、長崎への原爆投下や敗戦のことなど知る由もなく、ただ、戦争が終わったということだけが嬉しかった。

一九三一年の満州事変から日中戦争を経て、アジア太平洋戦争に至る一五年に及ぶあの無謀な戦争は、遂に日本の無条件降伏で終わった。このアジア太平洋戦争では、日本人の死者二五〇万人余り、アジア諸国の死者は一八〇〇万人に及ぶ史上最大の悲劇であったことを、私たちは決して忘れてはならないと思う。

私たちも間もなく手配された家々へ農作業の手伝いに出かけた。当地ではこれを出面（でめん）といったが、母たちの苦労をよそに、お昼に出された北海道のおいしい豆の入ったご飯の味が忘れられない。横浜での焼け跡の暗いバラックで、大豆の押しつぶしたわずかばかりの豆ご飯とは、雲泥の差であった。母や姉・兄たちが朝早く出面に出かけた後、すぐ上の姉の手に引かれて、子どもながらに気が引ける気もしたが、お昼ご飯のおよばれに出かけていった。小学五年生になっていた姉は、さぞ気が引けたことであろう。しかし、行く先々では快く迎え入れてくれ、気兼ねすることもなくお腹いっぱいいただいた。

既存農家の人たちも祖先代々からこの地で農業をやってきたわけではなく、明治や大正時代に開拓に入り、互いに助け合いながら暮らしてきた。また、昭和一六年頃からは、村が援農隊を組んで出征家族の田植え、草取り、収穫にも取り組んでもいた。これは当時五歳の記憶なので、母や兄たちの記憶とは異なっているかもしれない。入植した人たちの体験記で読む原野や泥炭地で味わった悲惨な情景とはほど遠い。

この点、黒澤酉蔵の入植計画では、入植者を三つのグループに分けていた。第一グループは、主として着の身着のままの婦人・子どもを中心に、援農作業従事者として入植し、住居は農家の一部を貸すというものであった。第二グループは、疎開者が自給自足の農業を直ちに始められる地帯へ入植するもので、昭和一七年以降の離農跡地と部落に近接した国有未開拓地へ、第三グループは、多少離農地もあったが主には民有未墾地への入植であった（『北海道開発回顧録』一九四〜一九五頁）。

私たちは、父が兵隊に行っていたためか、幸いにも第一グループに配属されたようだった。先にも記したように、飢えからはなんとか解放されはしたものの、北国の冬の寒さは想像を絶するものであった。先の『馬追原野』には、こんな文章がある。

「北海道というところじゃあ、小便をするのに金槌を持って行くのだそうだ。それでないと下から上まで凍って柱になるというのだ」。

当時の私にはこのような実感もなく、その寒さをうまく表現できないが、拓北農兵隊に関する文献を読んでいて納得させられた文章に出会ったので、以下引用しよう（『日本残酷物語・2　忘れられた土地』第三章「戦災疎開移民団」、三八八〜三八九頁）。

　便所は外に仮設した。吹雪のたびにうずまって、しばれる日には糞が凍って高々ともりあがり始末におえなかった。まくった尻を吹雪がひとなでするると、尻のまわりがぬれて雫（しずく）となる。零下二十五度になると、脱糞はさほど寒くはないが、終ってから尻の感覚がうしなわれているのに気がつくのだった。

　北国の天気は三寒四温の型がはっきりあるわけではないが、吹雪か晴で占領されていた。晴れの日の日中は、たまにぽかぽかすることがあってよかったが、夜になると冷えこんだ。洋服は着たまま、帽子はかぶったままでふとんの中にもぐりこんで寝るのだが、息のかかる布団のえりからは細いツララがさがって、夜中に眼がさめたり、ふぶくと山鳴りがして都会の騒音を思い出させ、にわかに郷愁を感じさせたりした。

　粉末のような雪が屋根の合わせめからまで吹き込んで、焚火に落ち、ピチピチと音を立てて消えた。新聞紙をもらってきて壁にはるだけで手いっぱい。家の中にばかりいると、むしょうに腹がすいて殺伐な空気をつくることさえあった。だれいうことなくこんな日には、早く寝ろ寝ろとふとんの中にもぐりこんだ。ふとんの上には夜中に雪が吹きこんでつもった。

私たちの入植した年は冷害で、倶知安観測所ではマイナス三五・七度を記録したほどである。敗戦間際に兵隊に取られた父も夏の終わりには帰ってきて、ともあれ、一家揃って何とか一年目の寒い冬を越したのだった。

3　馴れない農作業に明け暮れて

「猫柳が大きくふくらみ、小川のせせらぎが音をまし、雪の消えた南斜面に福寿草がかれんな花を咲かせるころになると、南からの強い風が吹いて、雪の量はガサリガサリとへってゆく」（前掲書、三八九頁）。このころ、私は最後の国民学校へ入学した。

母は物がない時代に、どこから手に入れたのか、学帽を買ってきてくれた。さっそく学帽を被ったところ、兄が僕にも被らせろといって帽子のツバを掴まずに中央の部分を引っ張ったため、スポッと中央部が取れてしまった。母は「やっぱり、スフでできているからこんなものよね」といって、兄を叱りもしなかった。

初めて体験する雪解け道を、長靴もなく、下駄を履いて登校した。校門を入ると、真正面に御影石造りの奉安殿（教育勅語と天皇・皇后の写真を収めた建物）が聳え立ち、太陽に照らされて光り輝いていた。だが、ランドセルもなく、教科書も、エンピツも、ノートもなかった。買ってもらえないのではなく、どこにも売っていなかった。

教室では、戦前の教科書にスミを塗るということもなかった。ただ、先生が黒板にカタカナでイロハニホヘトと書くのを、手で机の上になぞるだけだった。こうして、私の入学した長沼第三国民学校での学校生活は始まったが、間もなく、あの光り輝いていた奉安殿も取り壊され、大きな御影石の塊が運動場の片隅に永い間、横たわっていたのが印象的だった。

国民学校へ入学したころは、すぐ上の姉も六年生で同じ学校へ通っていたが、一緒に登下校した記憶はあまりない。ただ、私がよく女の子にいじめられているのを見て、男のくせにだらしないと叱られたのを覚えている。間もなく、その女の子は新しくできた西南国民学校へ移っていった。

春を迎え、野にタンポポが咲き、あちこちの田んぼからはヒバリがさえずり、山ではカッコウが鳴くころ、村の人たちに手ほどきされながら、見よう見まねの稲苗づくりの作業が始まった。五月末とはいえ、水を曳いた田んぼに足を踏み入れると震え上がるほど冷たく、泥炭地特有の葦の根が足の裏に刺さって、土の感触はしなかった。

いよいよ米づくりの開始である。だが、初めての農作業で母や姉・兄たちがどのような苦労をしたのかはよく覚えていない。

この年は、前年の冷害・凶作と打って変わって気温は順調で、九月中旬には早くも新米を出荷するという豊作だった。一方、全国的には食糧不足であったため、札幌や小樽から買い出しに多数やって来た。これを「ばくり屋さん」といい、小樽から来た勝田さんとは大変懇意になったのを覚えている。

なお、『南長沼百年史』によると、この年の拠出米が一俵二二〇円なのに、ヤミ米は二〇〇〇円にもなったという（九六頁）。次の年も豊作で私たち入植者に対して、次のような評価がなされた（『長沼町九十年史』四五三頁）。

戦後は、一層食糧増産が要求され、このため町内の国有及び民有地合わせて二〇〇〇余町歩を開墾することになった……（中略）……昭和二〇年の八月三日、横浜市戦災者の拓北農民団（団長森　虎蔵）三〇世帯が南部及び西長沼地区に散在して入った。しかし、この開拓団は終戦と同時に続々引き揚げ、残った者は翌二一年の春には十数戸であった。この残った農民は拓北横浜同志会（会長服部清太郎）をつくって強固な団結のもとに開墾に従事し、二二年の強権発動の時でも一二〇％以上供出した。これは、他の開拓団より土地条件の良さもあったが、その成績は高く評価された。

4　新しい息吹の中で

復員してきた父は、冬の間は夕張炭鉱へ出稼ぎに行った。疥癬（かいせん）で困っていた頃で、疥癬には硫黄が効くというので、休みには硫黄を買ってきてお風呂に入れて治療した。そして、次第に農作業も母と兄でやれるようになった頃、父は先の『南長沼百年史』を執筆した野村重信郵便局長のお世話で、特定郵便局に勤めることになった。

郵便局員となった父は、赤い自転車に乗って郵便物や新聞を配って回った。冬は自転車に乗れないので歩いて村々を回ったが、冬休みのある日、父の配達についていった。配達しながら午前中にお茶を出してくれる家や、決まって昼食の休憩を取る家では、お新香なども出してくれた。

わが家でも、父と同僚の長沢さんや山崎さんが配達に来ると、母はお茶菓子などを出し、村のいろいろな様子を聞いていた。父は配達から帰ってくると、母に新聞の連載小説をよく読んでやっていた。ラジオもない時代、新聞は唯一の情報源であった。

また、長女の澄代もまもなく農協の事務員となった。当初お世話になっていた柏木万吉さんが農協の役員などをしていた関係で、高等女学校を出ていた姉を、農協へ入れてくれた。農協に勤めていたお陰で、新鮮な数の子がいっぱい入ったニシンや大きな身の厚いスルメイカなどを箱で買うことができた。

イカは用途が豊富で、バターで焼くと分厚い身はステーキのようにおいしく、味噌漬けにしたり、生干しするとそれぞれ別の味がした。新鮮なワタは塩漬けにして温かいご飯にかけると美味しく、次女の満子は塩辛をストーブの上で焼いて食べるのが好きだった。だが、ストーブには焼け焦げた臭いと跡がいつまでも残った。

学校生活では、当初、代用教員が多かったが、やがてシベリア帰りの先生や樺太から引き揚げてきた先生が入ってきて、教材教具などもそろって授業も本格化した。

苗代が終わり田植えが始まる直前の五月下旬、村民にとっての一大イベントは学校の運動会であった。「この日働いているのは泥棒だけ」という次第で、馳走を持って家族総出で集まってきた。生徒だけでなく、青年団も加わっていろいろな競技が催され、他校の小学校からも見学に来て、昼休みの各校対抗リレーは運動会のハイライトであった。

冬のイベントは学芸会であった。歌や踊り、劇などが催され、各教室の板壁を外して作った会場は角巻きを着たお母さん方で満員となった。私は六年生のとき学芸会の進行係をしたが、一年生を代表して開会挨拶する弟の政治の堂々とした姿を眺め、とても誇らしく思った。

この学芸会とともに、青年団もよく演芸大会を催した。敗戦によってこれまでの価値観も変わり、永い戦争の重圧感から解放された青年たちは、時代の風潮をうけて演劇活動が盛んだった。この青年団のリーダーだった兄の一矢は、演芸会で岡本敦郎の「白い花の咲く頃」を歌った。緊張した面持ちで〝さよならといったら　黙ってうつむいていたお下げ髪　悲しかったあの時の　あの白い花だよ〟と歌う、なにかもの悲しげな声が、いまもなお脳裏に焼き付いている。

また、さまざまな民主化の風潮によって青年たちの新しい知識欲も盛んで、樺太から引き揚げてきた成田喜代治先生の指導で、兄たちは東京の早稲田速記の通信教育を学んでいた。こうした学習活動から学んだ新しい知識を、兄は私たち兄弟にいろいろ語ってくれた。これからはロケットの時代がやってくるとか、船もやがてホーバークラフトの時代になることなどの話は、子どもながらにとても新鮮であった。

学校からの帰り道、よく「町から村から工場から」を歌って集団下校した。

町から村から工場から　働く者の叫びが聞こえる
働く者が、働く者が、新しい世の中をつくるこれも新しい時代の到来を告げる歌だったのだろうか。

5　無医村にて

当時、私は村一番のイベントであった運動会で昼休みに行われる各校対抗リレーの選手に選ばれることを夢見ていたが、三年生のとき左足にオデキができ、手術の結果、筋肉を切断した。その結果、徒競走では足を引きずって走り、かつての走力も無くなってしまった。

小学校二、三年ごろ、たまにゴムの短靴の配給があったが、残念ながら一度も抽選に当たらなかった。そのためもあってか、裸足で歩き回っていて、よく釘を踏んでは痛い思いをした。そして遂に左足にばい菌が入り、くるぶしの上がパンパンに腫れ上がってしまった。

南長沼には医者もおらず、どこから聞いてきたのか兄に連れられて幌内の第四小学校の奥にある医者（獣医だったかも知れない）に診てもらったところ、すぐ手術をしたほうがいいというので切開をした。大量の膿が出た。当時のことで麻酔もせずに、腐食したところをスプーンのようなものでガリガリと掻いたため、卒倒してしまった。その後の荒々しい治療の程は想い出すのも怖いので、これで留めておくこととする。

こうして昼休みの大イベントであった各校対抗リレー選手への夢は絶たれてしまったが、同級生の松島君、松本君、笠田君、山崎君が対抗リレーで颯爽と走る姿は、いまでも想い浮かぶ。

この足の手術で想い出されるのは、この地に開拓者の子として誕生した野呂栄太郎についてである。学生時代に読んだ『日本資本主義発達史』の著者が長沼で生まれ、小学校時代まで学んでいたのは新たな発見でもあった。

野呂栄太郎について『長沼九十年史』は約一〇頁にわたって記述しているが、少年期の箇所を引用しよう（八五三頁）。


野呂は明治三十三年（一九〇〇）四月三十日北海道夕張郡長沼町（村）西四線北十三番地（従来の木詰り生れはあやまり）において、父市太郎、母波留の長男として生れ、第一小学校の一学年に入学するも、間もなく上川第三尋常高等小学校（現北海道教育大学旭川分校付属小学校）に転校し、明治四十一年三月第一学年を修業後一年休学、明治四十二年一学期を同上川第三小学校に入学し、同年九月七日長沼村南尋常高等小学校（中小）に転校し、第二学年第二学期に入るも、秋の運動会でグランドでつまづいて倒れ、ひざに怪我をしたが両親に隠していたため悪化し、骨膜炎を起した（一説には、野呂家と親しくしていた小作人の太田老は、栄太郎さんは、両親からとめられていた裸馬に乗り落馬して足をいためた、そのため隠していたという）、このため札幌の北辰病院で治療をうける。

このため第二学年は事故理由により七十六日を欠席した。医師は右脚折断をすすめたが、切らずに治療をつづけたために益々悪化し、遂に切断することにした。このため第二学年の欠席につづき、三学年も一六四日休み、通学は八十一日にとどまった。しかし成績はよく全甲であった。

義足になった野呂は、木詰りからの往復通学は容易でなく、市街地の親類高原すし屋に下宿して通学した。五・六年も成績は最優秀であったが、優等生総代になれなかった。担任の岡島梅之助先生は義足でさえなければ級長にも総代にもなれたのにと、同情したが、野呂はそういう時、悲しいそぶりすら見せなかった。担任教師はこの態度をみて「野呂は、そうした苦悶（もん）は少しも見せぬほど人間的に成長している」のだと思った。

六年を卒業すると庁立札幌尋常中学校（のちの一中）を受験したが、不合格となり、中央小学校の高等科一年に進み、翌年も同中学校を受験したがまた不合格となった。

このため父の市太郎は学校を訪れ成績を問い合わせたところ、官立校は不具者は入れないという回答であった。そこで市太郎は私立の北海中学に赴き入学を求めて同意を得た。かくて大正四年四月推薦入学生として入校することになった。

こうして北海中学校に入った野呂少年は、体操以外の成績は常にトップで、一九二〇（大正九）年三月に五ヵ年間の精勤賞を受けて卒業するとき、『北海タイムス』は「北海道の英才、義足の野呂栄太郎君卒業す」と報じたほどである。慶應義塾大学へと進んだ以降の野呂栄太郎の歩んだ途については人のよく知るところであるが、『長沼町の歴史　下巻』では、次のように記している（四四八頁）。

野呂栄太郎の主著である「日本資本主義発達史」は、大正十五年十二月「日本資本主義前史」昭和二年三月「日本資本主義発達史」同年十一月「日本資本主義の発達の歴史的諸条件」をそれぞれ脱稿して昭和五年鉄塔書院から出版したものである。この年、母の波留が札幌で死亡している。

本書を慈愛と正義と真理とのため

に五十二年の生涯を窮乏の裡に畢は

れる吾が母に励ぐ

――一九三〇・五・九――栄太郎

と巻頭に述べており、社会改革の信念と、母への愛情がより高いところで結びついていたのである。さきの辻村もと子が小説「馬追原野」の執筆に当って、「父は鍬で、私は筆で北海道の天地を切り拓くのだ」と病弱の身体で本町の夜明けの模様を書いて倒れ、ここにまた中央農村の旧夕張川の氾らんの地から、開拓者の子として誕生した野呂栄太郎が、暗黒の世相をその筆で切り開こうとした。いずれも、郷土史七十五年の歩みをしのぶうえに、欠くことのできない風雲の一頁であろう。

なお、この『長沼町の歴史　下巻』には、野呂栄太郎の妻・塩沢富美子が長沼町を訪れ、亡夫の思い出を書いた論稿（『労働運動史研究』特集・野呂栄太郎と産業労働調査所に入るまで）や評論家の羽仁五郎の『野呂栄太郎と民主革命』（岩波文庫）の抜粋などが掲載されている。

一九七四年八月五日、生地母校の長沼中央小学校の前庭西側に「野呂栄太郎学童之像」が建てられた。

6　懐かしき想い出の人たち

わが家の向かいに安居さん、高桑さん、松村さんの既存農家が、約一キロ間隔に並んでいた。高桑さん宅の次男・登君は私と同級生で、毎日のように弟と遊びに行って大変お世話になった。掘り抜き井戸があり、夏は冷たく、冬は暖かいおいしい水がこんこんと湧き出ていた。庭にはスモモや梨、姫リンゴなどが植えてあり、オンコの赤い実がなっていた。畑の南側の畦にはグスベリが植えてあり、初夏になるとスイカのような形をした一センチほどの小さな実をたくさん付けた。お腹をこわすからスモモ同様に青いうちは食べてはいけないとおばさんに注意されたが、登君と赤くならないうちに棘に刺されながらよく食べた。シャリシャリとしたすっぱい味がした。

登君には、お兄さんとお姉さん、それに妹がいた。この高桑さん一家は働き者という評判で、とりわけおばさんはまだ若いのに農作業疲れで少々腰が曲がっていた。このおばさんは冬になると、農作業の疲れを癒やすために一ヵ月も登別温泉へ湯治に出かけていった。この湯治に行くのが楽しみで、冬まで働き詰めだった。

四年生になった頃、高桑さん家から犬を貰った。メリーといい壮年期を少し過ぎた牡の利口な犬だった。貰いたての頃、高桑さんの家の人が前を通ると、しっぽを振り振り途中まで付いていった。とりわけおじさんが遠くから口笛を吹いてメリーに知らせると、すっ飛んで行ってまとわりついた。程なく「メリーお帰り」というと、その場にお座りをしていつまでもおじさんを見送った。このおじさんはちょっとハリウッド俳優のチャールトン・ヘストンのような風貌をした、無口な怖いイメージの人だった。

メリーは犬同士の喧嘩にも強かったが、次第に歯も弱ってくると隣の斎藤さん宅の若い大きな犬とタッグを組んでよく喧嘩をしていた。足の速かったメリーが先を走り、相手の犬の直前でスピードを落とし、斎藤さんの家の犬に体当たりさせるのだった。その怯むすきに相手に噛みついて負かすという頭を使った戦法だと、兄は感心していた。

メリーがわが家にやって来て間もなく、真ん前の安居さんの家から子猫を貰った。この安居さん一家は家族が多かったがよくお風呂に呼んでくれ、みんなでもらい風呂にいった。ストーブにあたりながら、お茶菓子がわりに薄く切ったタクワンをご馳走になった。母は帰り道、タクワンはもう少し厚く切ったほうが美味しいのに、と言った。

動物にはあまり関心を示さない母だったが、この猫にさっそく「コゾ」という名をつけた。「コゾ」などと変な名前だと思っていたが、母の田舎では猫をコゾと呼んでいたという。このコゾはまだ小さくお乳が欲しい頃で、よく母猫は夜になると田んぼを通って乳を飲ませにやってきた。川向こうからゴロゴロと鳴くと、コゾはすっ飛んで出ていった。川を飛び越えてやって来た母猫は、土手の草むらに体を横たえてお乳を飲ませていた。程なく飲み終わると、けっして連れて帰ろうとはせずに、また、川を飛び越えて帰って行った。こうした行動が一月ほど続いたが、程なく母猫の呼ぶ声も聞こえなくなった。

長女の〝姉ちゃん〟は、猫はネズミを食べるからと嫌ったが、すぐ上の姉は私同様コゾを可愛がった。寒い夜などは布団に入ってきて、布団の中で子どもを産んだこともあった。もう一軒、大きなポプラの木に囲まれた松村さんの家があったが、少し遠いせいかあまり交流はなかった。

入植して程なく、わが家のすぐ隣に斎藤さん夫妻が引っ越してきた。可愛らしい奥さんと背の高いちょっとハンサムな旦那の若夫婦であった。旦那はもと馬喰（ばくろう）であったためか農作業が嫌いで、よく博打をやりに家を空けることも多かった。そのうち、子どもも生まれ、やれ熱を出した、お腹をこわしたといっては、よく母のところへ駆け込んで来た。母はどこで身につけたのか、ドクダミとかセンブリの処方を教えていた。おばさんはすっかり、私のうちを頼りにしていた。

田植えなど農繁期には手伝いにも来てもらい、お昼に赤ん坊にお乳を飲ませながらご飯を五杯も六杯も美味しそうに食べていたのが印象的だった。このおばさんが娘の時分に、岩見沢へいって初めておそばを注文したものの食べ方がわからず、汁をおそばの上からかけてしまい大失敗したことなど、おもしろおかしく話していた。

間もなく左隣には、拓北農兵隊名古屋隊の水木さん一家が入植してきた。二学年上の正君とは、よく遊んだ。水木さんの家は家族が多く、正君はいつも「ダイコン飯」は不味いとこぼしていた。

7　収穫のよろこび

第三章で紹介した下士別に入植した友田さんは、入植後三年目にして初めて水田四反歩から二二俵の米が取れ、嬉しくて嬉しくて町の知り合いや友人、姉の同僚に新米を配って歩いたという。これを読んだ時、この「嬉しくて嬉しくて」という友田さんの気持ちに、私はとても胸をうたれた。

キュウリやナス、トマトなどの野菜でも、種をまき、毎日水をやり、芽が出て一葉、双葉と葉を伸ばして、やがて花が咲いて小さな実をつけてゆく姿を、毎日見に行く楽しさ、そして、大きく実ったナスやトマトのヘタの棘に刺されながらもぎ採る喜びは、また格別なものである。

穀倉地帯に稲穂が波打つ

私の家の南側の小さな畑にはこれらの野菜などが、裏の大きな畑にはトウモロコシやジャガイモ、南瓜、キャベツなどが植わっており、黄色や紫、白などの花を付けていた。特に、ジャガイモの白や紫の花が一面に咲き誇っている姿は、なんとも頼もしかった。

朝早く母と朝露の中を、カボチャの花におしべを付けていくとき、この花のなんともいえない甘い香りに酔いしれた。この一仕事を終え、母に朝露を拭ってもらい、朝食をいただく時の嬉しさは、忘れがたい想い出である。

また、畑の隅に植えられたスイカの長く伸びた蔓の先に実った大きな玉のしましま模様はなんとも美しかった。スイカが好きだった母は、その成長を楽しみにしていた。

程なくして、我が家にも馬がやって来た。初めてすぐ側で見る馬の目は大きく、とても綺麗だった。母屋の隣に新しく馬小屋を建て、川から水を汲んできて飲ませるのが、私の日課となった。バケツにいっぱい入れて運んできても、ズーズーと瞬く間に飲んでしまい、毎回、十往復もした。時折、ニンジンとか、お餅をあげると嬉しそうにいつまでも噛んでいた。一七、八歳になった兄は、この馬とともに田畑を耕し、冷害にも見舞われず米づくりも本格化していった。

八月中旬のお盆を迎える頃ともなると、待ちに待ったトウモロコシが実った。家畜が食べるデントコーンと違って、甘くとても柔らかで、茹でても焼いても美味しく、何本でも食べられた。特に、夏は畑の真ん中にドラム缶で出来た五右衛門風呂に入り、夕日を眺めながら食べる焼きトウモロコシの味は、また格別だった。この五右衛門風呂に急いで入ると、底の板を踏み外して足が直接底の鉄板に着いてしまい、とても熱い思いを度々したものだった。

このトウモロコシ畑は、隠れんぼや鬼ごっこをするには格好の場所であったが、大人も隠れんぼしていた。まだ、お酒も十分に呑めなかった頃、どぶろく造りが流行っていた。これを密造酒として取り締まることとなり、摘発に係官がやってくるという噂が広まった。父は郵便局から帰ってくると、早速どぶろくの入った樽をトウモロコシ畑に隠した。しかし、どぶろくの発酵した臭いは、風に乗って漂うので、その隠し場所をいろいろと換えている姿がなんともおかしかった。実際、摘発に来たかどうかは不明だが、現在、長沼町はどぶろく特区として有名になっている。

稲穂が穂を垂れる頃ともなると、ジャガイモやカボチャなどが次々と収穫された。空色をした大きなマサカリカボチャは包丁では刃が立たず、鉈でやっと切った。ポクポクしたカボチャの味も、忘れがたいものであった。

やがて秋ともなり、山に入ると山葡萄やコクワがいっぱい採れた。キューイの十分の一ほどの大きさのコクワは、お米に三、四日つけてから食べた。春は筍や山ウドなどが採れて、自然の恵みを授かった。

六月初旬に植えた稲は、もう九月には刈り入れの時季となる。隣近所の人も手伝いに来てくれ、一家総出で稲刈りをした。一日では刈りきれない程の量になると、残った稲を家族みんなで暗くなるまで刈った。しかし、これで一日の終わりではなかった。刈り取った稲の稲架け（はさかけ）が待っていた。稲を肩に担ぎ、薄暗くなった中を稲株に足をとられながら歩くと、穂先が首筋に刺さって、とても痛かった。稲木に跨がって稲架けをしている兄の姿が暗くて見えなくなる頃、やっと一日の仕事が終わった。

秋風が吹き始める頃、脱穀機で次々と稲を脱穀し、俵に詰められていった。こうして新米ができあがった。この新米は水々しく、香りの好い炊きたての真っ白いご飯は、なにもおかずがいらなかった。

この時期、夕暮れ時ともなると、北の方からガンが次々に飛来し、稲刈りの終わった田んぼに舞い降りた。一夜、落ち穂をあさったガンは、夜明けとともにまた、どこかへと飛び去って行った。程なくして初雪が舞い、次第に根雪となってあたり一面白一色となり、すべてのものを覆い隠してしまう。こうして、北海道の一年がまた過ぎていった。

8　ふたたび戦争と地震に遭遇する

学校の裏手は高い土手になっていて、きれいな水をたたえて運河が流れていた。子どもたちは「ホンセン」といって、学校が終わるとよく水遊びをした。川幅は一〇メートルほどあり、格好の遊び場でもあった。

あるとき、この運河に大量の糞尿が流れてきて泳げなくなってしまった。先生の話では、千歳の飛行場にアメリカ軍がやってきて、流したものだという。やがてC119フェアチャイルドという輸送機が飛来し、F86ジェット戦闘機がすさまじい爆音を響かせながら低空飛行をした。

朝鮮戦争が始まったのだ。そして、すぐ隣の千歳空港は兵站基地となった。米兵相手にいろんな人たちが千歳に流れ込んできて、街はさながら西部劇に出てくるような俄づくりの家が建ち並んだ。朝鮮の三八度線をめぐる攻防や津軽海峡へ流れてくる機雷など、大人達から聞く戦争の話は怖かった。

この朝鮮戦争では、忘れられないことがある。それは、野ワサビについてである。春先、少し暖かくなると田んぼの畦の雪から溶けはじめ、野ワサビが生えてくる。ある日、北大生が学校にやってきて、野ワサビを採ってきてくれれば、ピンポン玉やラケット、ドッチボールなどと交換してくれるという。運動具があまりなかった頃で、冷たさを忘れて野ワサビを採り、北大生が来る日に持って行った。こうして集められた野ワサビは、なにに使われたかは定かではない。後年に読んだ小説に、アメリカ兵の遺体防腐のためワサビなどが使われた様子が出ていたが、果たしてそうだったのだろうか。しかし、朝鮮戦争特需の中、長沼ではヤミ米がよく売れた。

その当時のことを想い出す写真がある。小学四年生の時、初めて学校で撮った写真をみると、みんな草履や下駄履きで、服装も粗末なものであった。これが、朝鮮戦争が終わった翌年に、五年生・六年生の合同で札幌へ遠足に行って植物園で撮った写真は、きちんと帽子をかぶり、大方が学生服を着て、運動靴を履いていた。たった一年半でかくも違うものかと、朝鮮特需の効用に驚くばかりである。

それにしても、フルヤキャラメルを見学した折にいただいた三粒入ったキャラメルの味は、今でも忘れられない。忘れられないもう一つの味は、五年生の時、岩見沢で博覧会があり、上級生と一緒にトレーラーバスに乗って出かけ、初めてコーヒーというものを買って飲んだが、その香りと味も忘れがたいものであった。

こうして私たちも六年生になった時、緊急の朝礼で廊下に並べさせられ、何のお話かと校長先生の言葉を待っていたところ、今日は悲しいお知らせがありますというので固唾をのんでいると、「今上天皇のおかあさまがおかくれになりました」といったので、生徒たちは一斉に吹き出してしまった。田舎の学校で今のように情報も行き届いておらず、「おかくれになりました」という言葉を私たちは理解できなかった。校長先生は不謹慎だというので私たち上級生は廊下に一時間以上にわたって立たされたのも、いまでは懐かしい想い出である。

後年、この謹厳実直な白井校長先生も、多くの教え児を戦場へと送り出し、死者・未帰還者六〇人以上に及んだことに哀悼の辞をのべたあと、次のようにのべている（『長沼第三小学校八十年のあゆみ』三四頁）。

平和な馬追沼にも其の後ナイキの基地が設けられました。農村の過疎化に対する繁栄の一手段とも考えられますが、私は全く逆だと思います。先年原爆の地を見てそのあまりにも悲惨なのにおののきました。戦後三十一年、今尚原爆症に病み続けている人は数知れずいます。今後万一戦争があるとすれば核戦争以外には考えられません。

特に長沼は其の周辺の市町村とともに原爆を背負って幾十百千年の不安な生活を過ごさねばなりません。誠に不幸な出来事です。然し幾多のこうした施設が設けられてもこれを形骸化して真の平和を進めねばなりません。日本の教育もこの原点に立って行われています。統合された南長沼小学校もここから進められる事と信じます。

小学校生活も卒業式を迎える頃、初めての大地震に震えた。冬になると教室に大きなストーブが入り、その周りにお弁当箱を並べた。暖まった弁当箱からほのかにタクワンの臭いが漂ってくる頃、ストーブに掛けたカナダライが突然吹っ飛んだ。ドーンと下から突き上げられるとともに、大きく横揺れが始まった。先生の号令で、一斉に窓から外へ脱出した。幸い雪の中に転がり落ちたので、怪我をした子はいなかった。

校庭にやっと集まったものの一・二年生は、笑っているのか泣いているのか、ワーワーと叫びながら転げ回っていた。三号の川では、スケートもできるほどの厚い氷がガサガサと大きな音を立てて割れ、いっそう不気味だった。これは一九五二年三月四日に十勝沖で起きたマグニチュード八・二の大地震であった。

程なく地震も収まって教室に戻ったが、トイレの悪臭が全体に充満していて、とてもお弁当を食べる気にならなかった。家へ帰ると母が待っていて、娘の頃、東京の蛎殻町で奉公していた時、関東大震災に遭い、それは怖い想いをしたといって、いろいろと体験を語ってくれた。

この十勝沖地震から程なくして、六年間お世話になった第三小学校を、「仰げば尊し」を歌って卒業した。四一名の級友も、それぞれ中央長沼中学、南長沼中学へと進んでいった。

南長沼中学校へ入学した一九五二年に、長沼村は長沼町となった。明治二五（一八九二）年長沼村開村以来六〇年に当たり、町制施行を記念する行事が菊花香る九月に三日間にわたって繰り広げられた。この長沼町の戦後七年間の発展は目覚ましいものであったが、これは食糧事情による農村謳歌時代でもあったからである。朝鮮戦争後、日本経済の進路は工業の発展へと向けられ、この頃から農業は後退しはじめていった。

中学に入学して半年後の一二月、いろいろと想い出を袋に詰めて私たちは長沼を離れた。長沼に滞在した七年間は一度も冷害に見舞われることもなく、農作業にも馴れてきた父や兄は、この地に留まって農業を続けていきたい意向であった。しかし、適齢期を迎えた長女がもし結婚でもしてしまったら一人残して内地には帰れないという、母の大いなる決断の結果であった。

あの戦時中の大空襲のもとで、戦後の飢餓状況の中で、そして、激寒の中を電気も水道もない生活の中で、五人の子どものを誰一人亡くすことなく育ててくれた母も、四五歳になっていた。

この年の暮れは、炭労・電産・国労の大規模なストが行われていたため、混雑を予想して札幌駅の一つ手前の苗穂駅から乗車し、一路横浜へと向かった。行きの真夏の青森駅も帰りの真冬の青森駅も、大混乱していた。しかし、帰りの旅は父も一緒で心強かった。

5章
戦争に翻弄された戦災集団疎開者

1　北の果てオホーツク沿岸に入植した大阪隊

一九四五年八月一五日の敗戦を機に、拓北農兵隊に関する新聞記事は姿を消してしまったが、敗戦前日の『朝日新聞』では「拓北農兵隊、新しい土に息吹く」と、写真入りで報じていた。

▽…北海道へはるばる入植した都内杉並区の戦災者たちは、入植と同時に食糧の自給へと、早速そばの種蒔き、ジャガ芋の植付、住居の建設など寸暇なく敢闘したかひあつて、今日このごろでは廣々とした畑地にはそばとジャガ芋の花が咲き乱れ、嬉しい収穫の時季も目前に迫つてゐる。

▽…新しき土に、大いなる歴史の関頭に起つて、たとひそれが如何に忍苦の途であらうとも、民族の力によつて生き抜かんとする意欲の発露——畑中の雑草取りにいそしむ女子部隊、うねの側で絵本を見る子供達の顔には、如何なる困苦にもくぢけず断乎、祖国と共にゆく希望の光が輝いてゐる。

敗戦を報じる一五日付一面は、大きな活字で次の如く報じていた。

戦争終結の大詔渙発さる
新爆弾の惨事に大御心
帝國、四國宣言を受諾
畏し、萬世の爲太平を開く

そして、「朕深ク世界ノ大勢ト帝國ノ現状トニ鑑ミ非常ノ措置ヲ以テ時局ヲ収拾セムト欲シ茲ニ忠良ナル爾臣民に告ク」という「詔書」全文が、「ポツダム宣言」とともに掲載されている。

大阪大空襲で焼け出された戦災者一団は、敗戦二日前の八月一三日紋別郡滝上町をめざして大阪駅を後にしていた。東京発最後の第六次拓北農兵隊は青函連絡船上でこの敗戦を知ったが、大阪隊はまだ北上中であった。以下、この大阪隊についてのべよう。

紋別郡滝上町に入植した伊藤静男の場合

入植先の紋別郡滝上（たきのうえ）町は、北見山脈の中にあって三方を山に囲まれ、気候はオホーツク圏の気象圏にあるため、盆地特有の寒暖差が著しい。この地に集団帰農者三〇戸が入植した。

昭和二十（一九四五）年八月十三日、急遽編成された部隊といってもいいであろう大阪からの五十世帯は、北海道庁戦災者北海道開拓協会が出した「集団帰農者の栞」にある「来れ、沃土北海道へ　戦災を転じて産業再編成」のうたい文句に誘われ、それぞれの思いを乗せて、列車は大阪駅を出発した。

北へ北へと列車は煙をたなびかせ、揺られて走る。戦火を逃れ、それだけは安堵であったろう。車中で二泊し、八月十五日秋田で終戦を迎えた。この時父母は本当にガックリきたと言う。

母は、町内会で竹槍を握って本土決戦の稽古もし、国民皆お国のためにと戦った「ひもじくともほしがりません　勝つまでは」と、お国のために頑張ってきたし、たまに敗戦ということが頭をかすめたことがあったとはいえ、この時は力が抜けたと言う。そして、「耐え難を耐え忍び難を忍び」の玉音放送を国民は愕然とした思いで聞いたに違いない。車中の五十世帯がそれぞれどのように思いどう考えたか、戦争が終わったのなら大阪に戻りたいと願った方も多かっただろうが、戻ることはできず、列車は

プシュー、ガタンゴトン、一路揺られ揺られて、北へと列車は走る。（中略）

ただ食料にありつけるという希望も乗せて列車は青森に着く。青森からは青函連絡船で約四時間、十六日の夕方には北海道の玄関口函館に着いていたと思われる。タラップを降りながら空を見ると、寒々とした空気に北海道を感じながら、大地を踏みしめたであろう。そして函館本線を列車は北上、揺られ札幌着。ここで稚内方面行きに乗り換え、旭川で網走方面に向かう石北線で遠軽まで。ここでまた紋別・興部方面行きに乗り換え、オホーツク海を眺めながら紋別まで。そこで渚滑線に乗り換えて八月十八日、着いた所は北海道紋別郡滝上町、五十世帯の目的地だった。山ばかりでさぞびっくりしたことだろう。その頃の滝上町は、金鉱の跡もあり林業、農業が盛んで、町の人口も一万人以上いて、町としては活気があった。（中略）

家も土地もあると聞かされていた母たちが、その所在地を尋ねると、町長以下誰もそんな話は聞いていないと答えたという。一行は皆、唖然としたであろう。町長など一部の者は募集の中身を知っていたかもしれないが、まさか来るとは思ってもみなかったのかもしれない。

そんなはずはない、何かの間違いではと飛び交う怒号。大阪弁で口々に叫ぶ声。父は交渉役を引き受け、数人で即座に話し合いをしたが、家も土地もないと聞かされた。

父をはじめ皆は、「集団帰農者の栞」には「家も土地もある。農機具も無償で給与」とあったはずと納得がいかない。当然のことである。きちんと納得のゆく説明をしてくれと訴えたが、結局、行政に振り回され、敗戦のツケをまた国民が払うことになった。

さあ、どうしよう。雲をつかむような話。しかし現実を直視すると、まずはここで生きるしかない。町もとにかくこのまま放っておけない。何とか対処しなくてはと、三十世帯が寝泊まりする所を用意しなくてはと慌てて動いた。町が用意してくれたのは確か体育館と聞いているが、その時節にあったのかどうかは怪しい。町の婦人部の皆さんたちが、炊き出しのもてなしをしてくれ、お先真っ暗の中、つかの間の安堵だっただろう。翌日は早々に大阪からの三十世帯をどうするのか、町議会を開いて決定するという約束話を取り付けていた。

そして翌日開かれた議会で、三十世帯それぞれに滝上未開の地が割り振られた。抽選で、父は北札久留原野字番外地、しかも一番奥の天幕沢、町から十キロほどあるだろうか、そこに決まった。

次は当面寝泊まりするところの心配だ。住まいをどう確保するか。原野だから当然のこと住まいはなく、大阪東区役所での説明にあった「家も土地もある」は真っ赤な偽りで、そのような住まいはない。一行の皆さんが、その後どのようなところに行ったか、落ち着くまでの日数など詳しい事実はわからないし、事実を記述した記録もない。(中略)

伊藤一家は、本流(メインストリート)に近い、町からもそう遠くない大崎さんという農家が引き受けて下さることになった。今でいうホームステイといったところだろうか。ここで農業のいろはを学びながら原野の開拓へ、ここからの始まりだった。

伊藤静男『北の大地　二十世紀最後の開拓団=帰農者』(文芸社刊、二〇一五年)は、この地での体験を「戦争末期の混乱からか、集団帰農者を募集しながら現地にはなにも用意されていなかった。国策に翻弄されながら、家族一丸となってゼロから土地を切り開き、生活を築いてきた苦難の歴史」を綴ったものである。

大阪隊を引率した宮本常一

ところで、この大阪隊については民俗学者の宮本常一が関わっていた。宮本常一は、戦前・戦中・戦後と日本列島を津々浦々まで歩き、名も無き庶民の生活を見聞きし、記録にとどめてきた。彼は一九四四年四月に戦時中の食料対策のため大阪府農務部の嘱託となり、農業指導を行っていた。

そして、戦後の食糧難の中で、四五年一〇月二〇日に第三次大阪帰農隊約二〇〇〇人を引率して北海道へと渡った。大阪では、先にも見たように戦争末期に二回集団帰農者を送ったが、宮本はこの第一次、第二次入植者のその後の様子をみるために、さらに現地へも入った。この当時の様子を『民俗学の旅』(二〇〇〇年刊)で、次のようにのべている(一二八〜一三〇頁)。


十月になると、戦災に逢うた人びとを北海道の原野の開拓のために送りこむことになって、その人たちについてゆくことになった。実はそれまでに二回ほど戦争末期の混乱の中を送っていたのである。私のついていった第三次帰農隊は二千人近かったであろうか。大阪府庁からは、四、五人の人がついていった。大阪駅をたって、米原から北陸線に入って北上したが汽車はのろのろと走り、青森までゆくのに二日かかった。途中の町には灰燼になったものが多かった。とくに青森は一面の焼野原であった。

津軽海峡をこえて札幌まで来ると、普通はそこで北海道庁の役人に帰農者をわたして帰るのだが、私たちは帰農者について現地までいくことにし、私は天塩《てしお》地方へ入植する人たちについてゆくことにした。この地方へ入植する人は三百人ほどであったかと思っている。天塩線を幌延までいって、そこの役場で、それぞれ入植地別に隊が組まれた。私は問寒別《とかんべつ》に入植する人たちについて問寒別までいった。入植地は駅から三里も奥だという。入植者たちはそこで地元の人たちにひきとられて奥地へはいることになる。（中略）

役場の吏員はそれから間もなくやって来た下りの汽車に乗り、私はしばらくの間上りの列車を待った。そしてその間も、少々邪魔になってもなぜ現地までついて行って入植地の宿舎まで行かなかったのだろうと悔いられた。その人たちをここで棄てて来た思いがしきりであった。

その後の足取りは、一〇月二四日の幌延・問寒別から、二五日名寄・留辺蘂（るべしべ）、二六日留辺蘂、二七日陸別、二八日津別、二九日中サロマ、三〇日網走、三一日斜里、一一月一日釧路、二日滝川、三日新十津川、四日〜五日小樽、六日〜八日函館、九日青森・金田、一〇日〜一三日東京、一四日に大阪に帰着している。

宮本常一はこの長旅の間、ほとんど水と乾パンだけで過ごしたという。畑もつくれない泥炭地に開拓民を棄ててきたという無念の思いが、こうした無謀な行動に駆り立てたのだろうか。さらに、函館から上野に帰り着くまでの六日間も水だけで過ごし、東京の渋沢邸で白いご飯にありついたとき、その上にボロボロと涙を落としたという。

なお、佐野眞一はこの宮本常一が引率した入植者たちの足跡をたどり、現地に入って取材し執筆した『宮本常一の見た日本』の第七章「食糧確保の使命」で、この間の実状を詳しく書いている（同書一一一〜一五九頁を参照）。この戦災者たちの集団帰農は、宮本常一にとって生涯忘れることのできない公的な仕事であり、また、「棄民」の旅でもあった。そして、この貴重な体験が、のちに平凡社から刊行された『日本残酷物語』に結実することとなった。

2 『ロビンソンの末裔』が描いた拓北農兵隊

宮本常一・山本周五郎・楫西光速・山代巴の監修になる『日本残酷物語』は、高度成長の坂道を登りつつあった一九五九年から六一年にかけて、第一部から第五部と名付けられた五巻と「現代篇」二巻が刊行された。新たな民衆像を求めて、名もなき民衆の営みを「物語」として記録したものである。

このシリーズの第二部「忘れられた土地」で、拓北農兵隊が紹介された。第三章「北辺の土地」に収められた「戦災疎開移民団」は、タイトルこそ違え拓北農兵隊そのものの記録である（三八四〜三八五頁）。

東京都知事や警視総監が盛大に見送ってくれたと、彼らはいう。北海道へゆけば、まきつけのできるようになった開拓地がもらえる、住宅も建っている、道路もついている、食べることに心配はない。必要な資金は貸してくれる……B29のじゅうたん爆撃の恐ろしさ。戦災の恐怖におののきながら東京都の戦災罹災民たちは、この夢のような条件に心おどらせて、寒い北海道へ旅立ちをした。

旭川国上川《かみかわ》郡下川《しもかわ》町に近いC村に彼らが到着したのは、終戦直後の昭和二十年八月末であった。十七戸の疎開者たちは、山麓の各部落に分れて北国での第一夜をあかしたが、夏なお涼しく、空気あくまでも澄み、ぶきみなほど静寂な田舎の一夜は、彼らを「地球の裏側へでも行ったような気分」にさせた。

この文章の執筆者の名前は出ていないが、第二部の執筆者二四名の中に更科源蔵、新里恵二、高倉新一郎、谷川雁、宮本常一など蒼々たる名前が列記されており、執筆者が更科源蔵であることは文体からも明らかである（『原野歴程　更科源蔵・人と作品』に収められている年譜に「昭和三五年　平凡社刊『日本残酷物語』執筆」とある）。

なお、このシリーズを企画・編集した谷川健一の発案で執筆名は出さず、著者・監修者・編集者の相互作業により、原稿をリライトするなどしてつくられたという。

東京で戦災者の集団帰農に汗水流していた更科源蔵と、大阪の集団帰農者を引率して北海道まで行った宮本常一が、一五年の歳月を経てふたたび「最底辺に埋もれた」人びとの記録を編んでいた。

この年、一九六〇年の年末には、拓北農兵隊を扱ったもう一冊の本が、中央公論社より刊行された。開高健の『ロビンソンの末裔』である。芥川賞を受賞した開高健は、五九年から六〇年にかけて、先の「戦災疎開移民団」が入植した北海道大雪山系の上川地区の開拓民を何度も訪れ取材した。

この執筆の動機について、開高健は次のようにのべている。

「ある奈良の人と文通しているうちに、北海道の開拓民のことに興味がひかれるようになり、その人の手紙にさそわれるまま何度か北海道へわたった。その人自身もかつては開拓民であったので、ルンペン・ストーブのよこに寝そべって聞かせてもらう話はおもしろかった。（中略）

私は頭や神経の人間を書きたくなかった。そのときは〝手〟の人間を書くことだけに専念したかった。」（「名作紀行『ロビンソンの末裔』」『週刊読書人』一九六二年四月一六日)。

こうして、「ロビンソンの末裔」は『中央公論』の一九六〇年五月号、七月号、一一月号に連載され、一二月には単行本として出版された。「開高健力作長編小説/痛烈な風刺と湧出するユーモア! 荒野に呻く北海道開拓団の人間喜劇を描いた問題作!」、として話題となった。

なお、開高健は刊行後二六年ぶりにこの地を再訪し入植当時の印象をこう語っている。

「社会の体制内に住んでいる人たちをミンズといい、その外に住んでいる人たちをアウツというんですが、開拓の農家というのは、全くアウツでしたね。単に社会的だけじゃなくて、土地からも拒まれている、天候からも拒まれている、飼料からも拒まれている。要するに人と物と大地と、すべてから拒まれている。アウツ・オブ・アウツという印象でしたね」(NHK旭川放送局「名作紀行・ロビンソンの末裔——開高健・戦後開拓地再訪」、一九八四年五月一四日放送)。

3 拓北農民団となって戦後開拓へ

全国紙からは拓北農兵隊に関する記事は消えたものの、北海道新聞の八月三〇日付には、

「新農村建設へ　集団帰農者を拓北農民団に改称」との記事が載った。

戦災疎開者の集団帰農は現在までに第九陣一八〇二戸八、九二六名が道内各農村に入り独立就農の諸準備を進めているが、これら集団帰農者に対する指導は戦局の急変に応じて従来の拓北農兵隊という呼称を『拓北農民団』に改めるとともに新日本建設の基盤となるべき新農村建設という観点から生活、営農指導を行うことになった。

最も多かった網走支庁への入植記録から――木の根・熊笹とのたたかい

「拓北農民団」は、戦後間もなく北海道各地へと相次いで出発していった。『斜里町史』には、次のように記されている。

各地で募集された帰農者達は焼け残った荷物と家族をまとめて、不安と希望をもって北海道へ特別列車で移送され、泥炭地や火山灰地に入植させられた。この余波は本町にも波及し終戦になった二〇年の九月一三日に横浜の戦災者一五戸八二名が乗り込んで来た。次いで一〇月一八日に大阪市の四三戸三二〇名（注・年表では二三〇名）が斜里町に着いた（菊地慶一『もうひとつの知床――戦後開拓ものがたり』四〇～

四一頁。なお、戦後開拓について詳しくは本書を参照)。

このうち北海道帰農大阪集団斜里部隊一行(四三戸二三〇名)の記録については、謝花栄昭『根曲がりだけの青春』(戦後開拓・大阪帰農集団斜里部隊豊里地区歴史研究会)を参照。同じく一〇月二五日には、相内村富里集団帰農一行(九戸五四名)が、京都駅から相内村へ向け出発していった。川端良蔵の手記を記しておこう。

当時敗戦の危機に怯え、耐乏生活を強いられ、あらゆる物資や食料品が切符制の配給制度でした。私達は食糧等の足りない分を、厳しい警察の取締りのなか、買い出しに奔走して暮らす毎日だけに、北海道へ行けば食糧が豊富だと言う宣伝に、自給自足の生活を夢見て応募しました。

幸か不幸か採用となり、長年勤めていた京都市営の市内電車の運転手を退職し、色々と準備をしているうちに八月一五日の終戦となりましたが、この計画は中止せず決行される事になり、一〇月二五日うすら寒い京の地を後にして、一路未知の北海道へと希望に胸をふくらませて、勇躍出発したのです。我々一行は、石北線の生田原から網走方面にかけてと、一部分は湧別方面に割り当てられ、私達は相ノ内村に入植するこ

とになっていました。（中略）
相ノ内村には九戸入植したが、受入態勢は全然なく、全くの白紙同様で、私達が到着して、役場と相談しながら、各自が思い思いに入植先を探すと言った調子で、決まったのはその冬、各部落の集会所で春まで待機生活することでした（『傷める葦を折ることなく』一七九～一八〇頁）。

起き見れば畑一面に霜降りて　一位の梢に鳶二羽動かず　良蔵

なお、木の根、熊笹とたたかった川端夫妻について、『傷める葦を折ることなく』の中に『ある戦後開拓の記録――北見市豊里』（清水　畐）が掲載されている（三六五～三八二頁）。清水氏は「戦災者集団帰農をそのまま戦後に引きついだ戦後緊急開拓を、敢えて戦後疎開、山中収容と名づけている」（三八一頁）。
以下、第八回から第十一回町村別受入見込戸数の一覧を掲げておこう。

第八回町村別受入見込戸数

支庁名	町村名	下車駅名	受入戸数	備考

空知支庁	芦別	芦別	四〇
上川支庁	富良野	富良野	二〇
	南富良野	幾寅	一〇
十勝支庁	池田	高島	二二
		利別	一〇
		池田	二三
	本別	本別	二〇
	西足寄	足寄	二五
	大正	更別	三〇
	芽室	芽室	一五
釧路國支庁	淕別	淕別	二〇
網走支庁	置戸	置戸	五〇
	訓子府	訓子府	一五
合計			三〇〇

第九回町村別受入見込戸数

支庁名	町村名	下車駅名	受入戸数	備考
網走支庁	上斜里	上斜里	三〇	
	美幌	美　幌	三五	
	小清水	古　樋	三〇	
	津別	津　別	三〇	
	網走	津　別	四〇	
	斜里	斜　里	四〇	
	生田原	上生田原	一〇	
	端野	端　野	三〇	
	留辺蘂	留辺蘂	一五	
	常呂	常　呂	一〇	
	相ノ内	相ノ内	一〇	
	女満別	女満別	二〇	
合計			三〇〇	

第十回町村別受入見込戸数

支庁名	町村名	下車駅名	受入戸数	備考
渡島支庁	森	森	二〇	
	落部	落部	一〇	
	八雲	八雲	三〇	
	長万部	長万部	二五	
檜山支庁	利別	今金	三〇	
網走支庁	遠軽	遠軽	二三	
		瀬戸瀬	一三	
		丸布瀬	七	
		白滝	七	
	上湧別	中湧別	一〇	
	下湧別	下湧別	一五	
	紋別	紋別	二〇	
	興部	興部	一五	
	西興部	上興部	一五	

	滝ノ上	滝ノ上	二〇	
	佐呂間	中佐呂間	四〇	
合計			三〇〇	

第十一回町村別受入見込戸数

支庁名	町村名	下車駅名	受入戸数	備考
後志支庁	南尻別	蘭越	二〇	
石狩支庁	當別	石狩當別	四〇	
	廣島	北廣島	三五	
空知支庁	由仁	由仁	一〇	
	長沼		四〇	
	幌加内		四〇	
上川支庁	美瑛	美瑛	二〇	
	東鷹栖	旭川	三〇	
	鷹栖	旭川	二五	
	下川	下川	二〇	

合計	中川	二〇
		三〇〇

美瑛の丘に建つ開拓三十周年記念塔

いまや北海道でも一、二位の観光地となった美瑛にも、敗戦間際に拓北農兵隊として、敗戦後は「拓北農民団」として、戦災者や疎開者、外地引揚者が入植してきた。美瑛町北町二丁目憩ヶ森公園には、戦後開拓三十周年の記念塔が建っており、「美瑛町戦後開拓の沿革」について、次のように記されている。

集団帰農と緊急開拓のはじまり

太平洋戦争末期における本州の大都市は、強制疎開、あるいは戦災で家を失い、職を失った人々が増大した。したがって食料の自給体制を確立することは一大急務であった。政府は昭和二十年三月「都市疎開者の就農に関する緊急措置要綱」を決定し、三月には北海道に集団帰農者五万戸、二十万人を送り込むことにした。北海道庁はこれを受けて六月「北海道疎開者受入態勢整備強化要綱」を制定するとともに、道庁に「北海道集団帰農者受入本部」を、支庁にも同支部を、市町村にも受入本部を設け、七月から順次疎開者の渡道が始まった。本町においても逸早く美瑛原野旧軍用地の六、七九八ha、ルベシベ御料林の二、七一六haが開放され、八月八日一番隊として東京隊二十六戸が、次いで八月二十日名古屋隊二十六戸が美瑛着各部落に分散収容されたが、一部は直ちにルベシベ地区に入地し小屋の建設に着手翌春より家族が現地に入地した。

また、九月十八日～十一月五日までに復員軍人軍属十一名が旧兵舎、三角兵舎等に入り翌二十一年現地に分散入地した。続いて各地の戦災者、疎開者、外地引揚者四百四十六戸（一、四一七人）が原野地区に入地した。続いて各地の戦災者、疎開者、外地引揚者四四六戸（一、四一七人）が原野地区に入地した。かくして地区計画もないままに入植が先行した開墾という厳しい現実に立ち向かう当初の体制はできた。

また、昭和二十年～二十四年の間にルベシベ地区へ一二〇戸、新たに俵真布、朗根内、置杵牛地区の一、三〇〇haに五十六戸が入地した。

開拓の成果

爾来極めて困難な開拓農業も町当局の積極的な指導援助と、道支庁開発局等挙げての推進によって今日までの三十年間に、畑地約四、〇〇〇ha、水田約四八三haの耕地を開墾完成した。

また、道路は拡幅と一部の整備を残して九〇%を完了。水道関係も全地区で完了。

営農基盤はその殆どが整備された。また、畜産においては乳牛五五〇頭余、肉牛六三〇頭余、肉豚一、八〇〇頭余を保有飼育する等その農畜産の総生産額(昭和五十年)は約十五億円余に達し生活文化面においても電気電話は全戸に導入され、現在二三九戸の開拓農家は安定した経営を行っている。

開拓記念等建設の意義

裸一貫で美瑛町に入植して三十年を経た。当初の入植者七五五戸のうち社会、経済の変転にともない、已むなき事情の下に現地を去った者は四六二戸の多きに達した。しかし踏みとどまって今日に至った吾々は筆舌に尽くしがたい困苦の中にあって克く開拓魂を振起し今日の成果を収めた。吾々美瑛町開拓者は改めて吾々が本道農業の中に残した大きな足跡と意義を再確認しこの栄光の歴史を永く吾が子孫と後世に伝え残すことは、吾々の責務であることを思い「美瑛町戦後開拓記念塔」を建立するものである。

昭和五十一年十一月六日　　建之

4　結局は「棄民」であった

正宗白鳥の小説に『戦災者の悲しみ』というのがある。このタイトルになぞらえていえば、「戦災者の悲しみ」から転じて「戦災者の苦しみ」となった拓北農兵隊の実態について、体験などをもとに検討してきた。

この拓北農兵隊も、戦後開拓事業にともなって「拓北農民団」と名称が変わったが、その実数はさまざまである。

敗戦の翌年に北海道開拓協会が発表した「北海道に於ける戦後開拓の現況と対策試案」（一九四六年七月）によると、一九四五年七月から一一月の間に三四四六戸、一万七、三〇五人の戦災帰農集団が北海道へと渡り、道内一三七町村に入植したとある。

この文書は、北海道開拓協会の事務局長をしていた田村民安によって、過去一年間の総括とこれからの開拓事業の対策を取り纏めたもので、黒澤酉蔵も理事長として序文を寄せている。

入植先の支庁と戸数及び人員、転出戸数と人員は、以下の通りである。

集団帰農者定着状況（一九四六年六月一日　現在）

	入植戸数	入植人員	転出戸数	転出人員	現在戸数	現在人員
石狩支庁	三七〇	一、八四八	二七	一〇六	三四三	一、七四二
空知支庁	四一五	二、一一四	五六	二四六	三五九	一、八六八
上川支庁	六九〇	三、四二一	一〇四	三八五	五八六	三、〇三六
後志支庁	一九八	九五五	二九	八〇	一六九	八七五
檜山支庁	六七	三二八	七	二六	六〇	三〇二
渡島支庁	六九	三二六	八	五六	六一	二七〇
胆振支庁	一二	五九	〇	〇	一二	五九
日高支庁	五二	二五二	四	六	四八	二四六
十勝支庁	六九八	三、三八八	八〇	三四三	六一八	三、〇四五
釧路支庁	三二	一六三	一	九	三一	一五四
網走支庁	七一三	三、八〇一	一一二	五九四	六〇一	三、二〇七
留萌支庁	一三〇	六五〇	七	四〇	一二三	六一〇

入植の最も多かったのは網走支庁で七一三戸（三、八〇一人）、以下、十勝支庁・六九

八戸（三、三八八人）、上川支庁・六九〇戸（三、四二二人）、空知支庁・四一五戸（二、一一四人）、石狩支庁・三七〇戸（一、八四八人）の順である。

そして、入植一年後には、入植戸数三四四六戸の一二・六パーセントに当たる四三五戸、一八九一人が離農した。この文書では、離農を脱落として次のように書いている。

拓北農民團員中で、去る六月一日までに脱落した者が四百二十五戸（一二％、原文ママ）に及び、その原因は概ね意志薄弱といふことになつてゐるが、それは一應認めるとしても、脱落の直接原因は、環境との不調和と、指導責任不明確とに依る説明の出来ない精神的不安である事は、本人達の述懐で明らかである。

脱落原因と目されるもの

一、募集宣傳の責めも一般にあるが、動機に於いて多分に射幸的氣分より、現實と直面するに及び餘りに生活の不自由に耐えず帰郷心止みがたく轉出せるもの。

一、寒波、積雪に一驚、且肉體的労働に自信を失へる結果轉出せるもの。

一、出身地の風聞に依り闇商賣生活に魅力を感じ帰郷せるもの。

一、闇買生活に資金を消費し、前途の見透なく、どうせ同じ生活なら生れた地でと、金の無くならぬ中に引揚げるもの。

一、前職を生すため帰農を斷念せるもの。
一、子女教育の爲帰農を斷念せるもの。
一、冬季出稼に出てその儘居据るもの（炭山等）

このように離農＝脱落の原因を分析しているが、同時に、これらの人びとを受け入れた側の責任体制の不明確さも指摘している（五〜六頁）。

第三章でも紹介した友田多喜雄は、下士別で一九六四年まで営農をつづけ、この年に離農した。そして、六四年秋に冷害による災害調査団の一員として北海道全農村の約三分の二の地域を調査し、多くの戦後開拓地の実態に触れて、次のように訴えている。「六四年、二万二千戸の開拓農家は現在までに二万戸以下に減じたと思われる。前記の災害調査で、私は北海道内各地の開拓地に、かつての私自身の開拓過程を、眼前にするような情況を随所にみた。そしてそれは、未だに棄てられたままの状態としか云いようのない姿である」（『戦後北海道の開拓』一四七頁）。

では、拓北農兵隊の産みの親であった黒澤酉蔵は、この結果をどのようにみていたのであろうか。『回顧録』で、次のように語っている（三〇〇頁）。

こうして戦争末期に始められた戦災者の集団帰農計画はすべり出しました。しかし、七月中旬の例の北海道大空襲があり、青函連絡船がストップしました。八月にはいって、また連絡船がねらい打ちされ、十五日には終戦です。引揚用に船も汽車もとられることとなり、開拓協会の手で北海道へ送り込んだのは八月末までの九班、一千七百五十四世帯、八千七百二十九人にとどまりました。これは申込希望者の三割に過ぎません。

しかし、この協会の活動があり、北海道は開拓の余地がまだまだあるということが宣伝されていたことは日本にとって大変プラスだったんです。戦後の緊急開拓事業がいち早くスタート出来たのも戦災者集団帰農事業があったればこそなんです。これは終始、北海道の民間側の主導によって行われた特筆すべき事業といってよいのです。

このように総括した黒澤酉蔵は戦後、大政翼賛会に所属した代議士として公職追放となったが、その後、雪印メガミルクの社長などを歴任した。また、戦災者北海道開拓協会会長の千石興一郎は農林大臣に、警視総監の町村金五は北海道知事となった。

一方、更科源蔵とともに東京に赴き戦災者の北海道集団帰農の送出にあたった作家の吉田十四雄氏の語るところをみてみよう（「敗戦前後」『原野歴程――更科源蔵・人と作品』

所収、一九七七年刊、一八〜一九頁)。

われわれは「北海道戦災者受入協会」と云うもっともらしい身分証明書を貰って、国鉄も割引で丸ビルに通っていた。東京駅の近くに一トン爆弾だろうと云うのをおとされて、丸ビルのシャッターが臨月の腹のように膨れ出したりしたが、人買いの方は大繁盛で、今日は千人相談に来たなんて日もあったようだ。「人買い」と云うのは源蔵さんのつけた名称だが、誠に当を得た名称だと思った。(中略)

僕や源蔵さんは、その当時この人買いには心苦しさを感じ、北海道開拓のつらさを説明したものであったが、今年になってから某誌に「昭和の開拓者」たちを連載し出し各地へ訪問を重ねるうち、その当時買われた方も、北海道は安全だ、食べものもある、とにかく北海道へ逃げろ、逃げろと云う人も多かったと聞かされて、今頃になっていささか安心している。

更科源蔵とは文学の友でもあった吉田十四雄は「墾地」で第一一回芥川賞候補(一九四〇年)にもなった作家で、『百姓記』で第一回北海タイムス文化賞を受賞している。戦後は北海道新聞の記者となり、大河小説『人間の土地』(全八巻、人間選書)などを刊行した。

更科源蔵はこの募集を「人買い」といっていたようだが、戦災者が東京から厄介払いのように追い出され、北海道へ来てどうして生活できるのかと、危惧していたのだった。

なお、戦後の更科源蔵は、北海道各地の古老を訪ねてまとめた『アイヌと日本人』（一九七〇年刊）が、アイヌの側から日本の歴史を見据えた優れた評論として高い評価を受けた。また、アイヌに伝わる音楽を採録した『アイヌの伝統音楽』で、第一八回NHK放送文化賞を受賞した。一九六六年からは北海道学園大学教授となり、その後、北海道文学館館長、北海道労働文化協会会長などを歴任した。

戦後も七〇年が過ぎたが、私たちにとってもこの七〇年前の体験は忘れがたいものがある。幾多の体験者が綴った困苦の記録や文献を頼りに、拓北農兵隊が辿ってきた途を書き留めてみたが、私たち一家は北海道でも有数の穀倉地帯である長沼に入植したお陰で七年間開拓に励むことができた。だが、この長沼においてさえ、次のように総括している（『長沼町九十年史』四五一頁）。

入植者の多くは都会のサラリーマンや商工業者達であった。彼等の大部分は空爆から逃れたい一心で農業経験もなければ、北海道の開拓がいかに悲惨であるかを知らなかった。その上、北海道自体その受入れ態勢が皆無で、土地の選定や、経営の具体策もなく、全く棄民に等しい状態であった。しかも、入植地は低位生産地、若しくは僻遠の地であったから、その生活は悲惨なものであった。

5　いま、戦争体験者が伝えたいこと

米軍による空襲で被災した人たちは、一〇〇〇万人に及ぶ。このうち拓北農兵隊として北海道へ入植したのは敗戦後の八月末までで、実質一万人足らずであった。あれから七〇年の歳月を経て、いまなお北の大地に暮らす人たちが、平和の大切さを訴えている。

私たちが入植した長沼町に唯一在住する木口敏雄・和恵さん夫妻は、戦後七〇年の節目に戦争の悲劇が二度と起こらないことを、またこの記憶が後世へと引き継がれ、悲惨な戦争が繰り返されないことを願って、「戦争の記憶を未来へ」を記した（「広報ながぬま」二〇一五年一〇月号）。

夫・敏雄さん（八七歳）は、当時一八歳で横須賀市の海運会社に勤務しており、五月二九日の横浜大空襲の際は川崎にいたため直接空襲を受けることはなかったが、空襲後、横浜へ帰った時の「臭い」は一生忘れられないという。「自宅があった近くは空襲で辺り一

面焼け野原となり、馬や牛、犬……もちろん人間も横たわっていました。その焼けた臭いが、今も忘れられません」と、思いを語っている。

妻の和恵さん（八六歳）は、当時、学徒勤労動員のため東京都内で国鉄に勤務していた。三月九日の東京大空襲で逃げ惑い、池袋から練馬まで一晩中歩き回って我が家を探した。「たくさんの人が横たわっていました。道が見えないので横たわっている人をまたいで、自分の家を探しました。そうしたら、妊婦さんが横たわっているのが見えました。お母さんは元の形がわからないくらい真っ黒なのに、お腹にいた赤ちゃんは白い、きれいな顔をしていました。きっと、お母さんは赤ちゃんをずっと火の海でも守って亡くなられたんだと思います。その光景はずっと心に残っています」と。

二人はこうした体験を通して伝えたいことを、次のように結んでいる。「戦争とは、人を殺すことが繰り返されるものなんです。『敵打ち』というか、『やられたら、やり返す』ということは、無限に終わらなくなってしまいます。どこかで誰かがいつか止めなくてはいけない、そう思うんです」。

この体験記が「広報ながぬま」に掲載されたのが契機となって、南長沼小学校五、六年生の総合学習の一環で木口さん夫妻が戦争体験を語り、平和の大切さを訴えた。そして、この体験記が二〇一五年一二月七日の北海道新聞に写真入りで掲載された。

なお、木口さん夫妻の「夫婦で歩む念仏の道」が真宗大谷派宗務所出版部『人間というのちの相（すがた）Ⅳ』（二〇一一年刊）に収録されているが、妻の和恵さんは昨年急逝された。

もう一つは、東京都杉並区から十勝管内上士幌村へ入植した松本ふみさん一家が、「戦争に翻弄された」戦後七〇年を振り返った記録がある。長女の安達愛子さんは戦後、十勝管内の足寄町や芽室町で小学校教員を務めた。二〇〇四年に退職したのち、憲法九条を守ろうと加藤周一や大江健三郎らが結成した「九条の会」の趣旨に賛同して、『九条の会』十勝」設立の呼び掛け人にもなった。

戦後七〇年に際して北海道新聞社から刊行された『戦後七〇年　忘れ得ぬ戦禍』に安達愛子さんの体験が「十勝の拓北農兵隊移住者の戦後七〇年」として収められ、次のように訴えている（一四五～一四七頁）。

　戦後日本の安全保障政策を大転換させる安全保障関連法案が参議院で審議入りして間もない二〇一五年七月三一日、上士幌町にある遍照寺の納骨堂を一人の女性が訪れた。終戦直後に拓北農兵隊として上士幌町に入植した松本家の長女安達愛子さん（八七）＝帯広市＝だ。亡き両親に黄と赤の小菊を手向け、いつものように手を合わせた愛子さんは、かつて母ふみさん（享年九九）から聞いた話を思い出していた。

松本家は一九四一年（昭和一六年）まで東京・荻窪で酒屋を営んでいた。ある時、父親がガリ版で広告チラシを印刷し、得意先に配ったところ、特別高等警察（特高）と名乗る男たちがやって来た。反戦ビラをまく「不穏分子」の疑いをかけられたのだ。「マチの酒屋のチラシにまで目を光らせるなんて、おっかないなと思いましたよ」。太平洋戦争開戦前夜。暗く重たい空気が社会を覆っていた。

愛子さんは今、胸騒ぎがしてならない。二〇一四年一二月に施行された特別秘密保護法は、国家機密の漏えいや取得に厳罰を科すことを盛り込んだ。国民に重要な情報が隠される可能性があるほか、テロなどに関する政府の情報収集活動が強化されれば、戦時下の「監視社会」が再来する恐れもある。愛子さんは「自衛隊の志願がへって、そのうち徴兵制も復活するのでは」と危惧する。

そして、「世の中は戦争に突き進んだあの頃と同じ。声を上げなければ手遅れになる」と。

いま尚、戦争体験を語ることは女々しい懐古趣味であるとか、同窓会趣味であるという批判もあるが、戦争の残酷さ、寒々とした戦時体制下の暗黒社会、そして平和の大切さ、人間の尊厳を、私たちは語り継がねばならないと思う。

エピローグ――2016年・冬景色

私が生まれたのは昭和一五年で、この年、西暦一九四〇年は神武天皇の即位から二六〇〇年目に当たるとされ、「紀元二六〇〇年」「皇紀二六〇〇年」ともいわれ盛大な記念行事が催された。年初の橿原神宮の初詣ラジオ中継に始まり、紀元節には全国一一万もの神社において大祭が行われ、展覧会や体育大会などさまざまな記念行事が全国各地で執り行われた。そして、一一月一〇日、内閣主催の「紀元二千六百年式典」が宮城前広場において盛大に開催された。これは、日中戦争の真只中にあって、日本が長い歴史を有する「神州不滅」の偉大な国であることを内外に誇示するものであった。

そして、日本が大東亜共栄圏の建設を推進するスローガンとなった「八紘一宇」（はっこういちう）を印字した紀元二千六百年記念切手が発行され、宮崎神宮には「八紘一宇の塔」が建設された。また、戦時統制下にあって「贅沢は敵だ」などが叫ばれ遊楽旅行は廃止されていたが、皇室に関係する神社と明治神宮、橿原神宮、伊勢神宮などへの参拝は推奨され、この年、橿原神宮参拝者一〇〇〇万人、伊勢神宮参拝者八〇〇万人を数えたという。

なお、第四八代横綱大鵬は名を幸喜（こうき）というが、この皇紀二六〇〇年に因んで名付けられたように、私たちの同級生には、紀男・紀子など「紀」の付く人も多かった。

この翌年には、真珠湾攻撃によって太平洋戦争も始まったが、最終的には人類初の広島・長崎への原爆投下によってポツダム宣言を受諾し、日本は無条件降伏した。

戦後、アメリカの占領下にあって、貧しい生活の中でも、私たちは新しい平和と民主主義、基本的人権を基調とする憲法を手にした。わが精神をも育んでくれたこの貴重な憲法は、公布されて七〇歳となった。この古稀を迎えた日本国憲法を祝うとともに、さらに生きながらえることを願わずにはいられない。

しかし、二〇一五年九月、「集団的自衛権の行使容認」という戦後の安全保障政策の重大な方針転換が強行可決された。そして、二〇一六年の参議院選挙において、憲法を改正しようとする勢力が三分の二の議席を得るまでに至り、いまや平和憲法は危機に瀕している。この改憲勢力の中心になっているのが、欧米メディアが「日本最大の右翼組織」と報じている日本会議である。この日本会議の初代会長に就任した塚本幸一（ワコール代表取締役会長）は、設立大会において次のように訴えていた。

戦後の与えられた民主主義、一見言葉はきれいでありますが、今はいろんな弊害が出てきています。日本のすばらしい精神文化も伝統もだんだんと剥奪されています。何とかしなければ、この国はあと三十年もつだろうか、という強い危機感を抱いております。

そのためには、まず何といっても、憲法を変えなければなりません。芯が腐っていたのではこの国は立ち直れません。世界から信頼され尊敬される国家、国民を創っていくことこそ、今の日本人に最も求められているのではないでしょうか。日本は古来、すばらしい精神文化を持っています。「和をもって尊しとなす」という精神は、すでに聖徳太子の時代のものです。世界の人々と共生する精神は、この「和」の精神であり、ハーモニであります。

「われらは、平和を維持し、専制と隷従、圧迫と偏狭を地上から永遠に除去しようと努めてゐる国際社会において、名誉ある地位を占めたいと思ふ」と誓う日本国憲法のどこが、「芯が腐っている」というのであろうか。しかし、こうした思考に迎合するように、かつての女優が国会議員となって参院予算委員会において、「八紘一宇は建国以来の大切な価値観」と礼賛した。そして、彼女は初めて選挙権年齢が二〇歳以上から一八歳以上に引き下げられた二〇一六年参院選において、神奈川県で一〇〇万票を越えるトップ当選を果たした。

いま、若者たちの保守化が進む中で、日本会議と現政権が憲法改正へと傾倒する動機が、かつて日本を戦争に導いた国家神道をよりどころとする戦前回帰への情念に溢れているのを危惧する。

これを、新たな運命の序曲にしてはならない。

参考文献・資料

1　拓北農兵隊全般に関するもの
宮本常一・山本周五郎・楫西光速・山代巴監修『日本残酷物語　第2部　忘れられた土地』
第三章　北辺の土地・土と人・「戦災疎開移民団」（平凡社刊、一九六〇年）
開高　健『ロビンソンの末裔』（中央公論社刊、一九六〇年）
毎日新聞社編『私たちの証言　北海道終戦史』（毎日新聞社刊、一九七四年）
黒澤酉蔵『北海道開発回顧録』（北海タイムス社刊、一九七五年）
町村金五『町村金五伝』（町村金五伝刊行会刊、一九八二年）
更科源蔵『札幌放浪記』（創樹社刊、一九七九年）
更科源蔵『滞京日記　昭和二十年』（北海道文学館刊、二〇〇四年）
野添憲治『大地に挑む東北農民――開拓の歴史を歩く』（社会評論社刊、二〇〇六年）
神　絹江『北の原野――江別町角田を開拓した人々』（自主出版、二〇一四年）

2　第一次農兵隊に関するもの
青野正男『あら山――戦災・疎開者四半世紀の記録』（北書房刊、一九七一年）

太田恒雄『世田谷物語』（江別市・江別市教育委員会刊、一九八九年）
最上善志郎『白い雪と赤いリンゴ』（文芸社刊、二〇一二年）
堀　徳郎「随想　東京大空襲と拓北農兵隊」（日本学研究会編『日本学研究』第三号、二〇〇五年、五四～六三頁）
村元健治「拓北農兵隊手稲分隊の入植の経過と苦悩」（手稲郷土史研究会会報『郷土史ていね』第六四号、二〇一三年四月一七日、定例会の研究発表要旨）

3

第二次農兵隊に関するもの
細谷源二『砂金帯』（氷源帯社刊、一九四九年）
細谷源二『泥んこ一代』（春秋社刊、一九六七年）

4

第三次農兵隊に関するもの
友田多喜雄「戦後北海道の開拓」（『ドキュメント日本人5　棄民』学藝書林社刊、一九六八年、一二六～一四七頁）
山下三郎「みじめな拓北農兵隊」（編集委員会編『青森空襲の記録』青森市刊、一九七二年、一七九～一八五頁）

5

神奈川隊に関するもの
浅野正千代「思い出を巡りて」（美唄市市民文集『語りつぐ戦争のころ』第一集、一九九九

五年）
服部清太郎「開拓の十年」（『長沼町の歴史　下』北海道長沼町刊、一九六二年）
渡辺　修「拓北農兵隊として入植二十年」（『空知開拓二十年の歩み』一九六七年、一〇五～一〇六頁）

6　第四次農兵隊に関するもの
大原槇子『クマイザサの二十三軒――東京から来た拓北農兵隊』（道新選書㉞、北海道新聞社刊、一九九八年）
木村　豊「空襲で焼け出された者の記録――ある『拓北農兵隊』の戦時と戦後をめぐって」（『日本オーラル・ヒストラリー研究』第八号、二〇一二年、一二五～一四四頁）

7　第五次農兵隊に関するもの
鈴木正實『二度生きる　神田日勝の世界』（北海道新聞社刊、二〇〇三年）
佐方三千枝「開拓者の娘としての十三年」（『文芸おとふけ』第四六号、二〇一四年、二九～三九頁）
松本ふみ「上士幌の地で開拓に挑む」（帯広百年記念館編『ふるさとの語り部』第一八号、二一～五六頁）

8　第六次農兵隊に関するもの

体験記見つからず。

9 大阪隊に関するもの

宮本常一『民俗学の旅』(文藝春秋社刊、一九七八年)

佐野眞一『宮本常一が見た日本』(日本放送出版協会刊、二〇〇一年)

謝花栄昭『根曲がりだけの青春』(戦後開拓・大阪帰農集団斜里部隊豊里地区歴史研究会、二〇〇五年)

伊藤静男『北の大地――二十世紀最後の開拓団=帰農者』(文芸社刊、二〇一五年)

10 拓北農民団に関するもの

川端良蔵・川端 好『傷める葦を折ることなく』(自主出版、一九九〇年)

菊地慶一『もうひとつの知床――戦後開拓ものがたり』(道新選書㊵、北海道新聞社刊、二〇〇五年)

清水昭典「戦後北海道入植者について――北海道常呂郡相内村入植者の例」(『札幌法学』七巻一号、一九九五年、二一~八一頁)

11 その他の参考文献

東京都編『東京都戦災史』(東京都刊、一九五三年)

横浜市、横浜の空襲を記録する会編『横浜の空襲と戦災』(全6巻、横浜市刊、一九七五年)

高見　順『敗戦日記』（文藝春秋新社刊、一九五九年）
辻村もと子『馬追原野』（風土社刊、一九四二年、北書房刊、一九七二年）
ＮＨＫスペシャル取材班『ドキュメント　東京大空襲』（新潮社刊、二〇一二年）
早乙女勝元『図説　東京大空襲』（河出書房新社刊、二〇〇三年）

12　資　料

「北海道集団帰農者書類」（北海道立図書館所蔵　＊は本体手書　☆は本体活字印刷　○印は判読困難なもの。尚、重複あり）

①（参考）北海道集団帰農者○○隊日課表　昭和二〇年七月一二日　＊
②（参考）町村受入宣誓式　＊
③北海道庁告示第六二四号　☆
④第一回町村別受入決定戸数　＊
⑤第二回町村別受入決定戸数　＊
⑥第三回町村別受入決定戸数　＊
⑦第四回町村別受入決定戸数　＊
⑧第五回町村別受入決定戸数　＊
⑨第六回町村別受入決定戸数　＊

⑩第七回町村別受入決定戸数　＊
⑪第八回町村別受入見込戸数　＊
⑫第九回町村別受入見込戸数　＊
⑬第一〇回町村別受入見込戸数　＊
⑭第一一回町村別受入見込戸数　＊
⑮昭和二〇年六月二八日　各支部長、市町村農業会長殿　北海道農業会　安孫子孝次　北海道帰農者集団受入要綱ノ件　☆
⑯昭和二〇年六月二七日　北農支部、市町村農業会御中　北海道農業会　北海道帰農者受入事務取扱要領ノ件　☆
⑰昭和二〇年六月二七日　各支部長、各市町村農業会長殿　北海道農業会長殿　安孫子孝次　蛋白質飼料原料用雑糖集荷ニ関スル件　☆
⑱北海道疎開者戦力化実施要綱（昭和二〇年五月三一日　次官会議決定）＊
⑲北海道集団帰農者受入本部規程　＊
⑳北海道集団帰農者受入本部機構　＊
㉑農村疎開者受入応急措置要綱　☆
㉒北海道集団帰農者受入計画戸数　＊

㉓戦災者の各位に　戦災者北海道開拓協会　☆
㉔函館に於ける要入屯の選択　＊
㉕戦災者北海道集団帰農質疑応答　＊
㉖昭和二〇年七月七日　帰農者理事　〇隆殿　北海道庁官　熊谷憲一　集団帰農者〇〇本
部員委嘱ノ件　＊
㉗北海道集団帰農者受入本部規程　＊
㉘道農業会集団帰農指導部設置要綱　☆
㉙北海道戦災疎開者受入協議会順序　＊
㉚北海道集団帰農者受入要綱（案）　＊
㉛北海道集団帰農者受入本部規程　＊
㉜北海道戦災疎開者受入協議会規程　＊
㉝北海道疎開者戦力化実施要綱（長官会議決定）　＊
㉞北海道集団帰農者第一回受入決定戸数（七月八日函館上陸）　＊
㉟北海道集団帰農者第二・四回受入見込戸数（七月中旬函館上陸予定）　＊
㊱（資料欠によりタイトル判読は不可）　＊
㊲北海道戦災疎開者受入協議会役員名簿　＊

㊳北海道集団帰農者受入事務取扱要領　＊
㊴昭和二〇年度第二予備〇支少々要求書（二〇・六・六）＊
㊵集団帰農者の栞　北海道庁　戦災者北海道開拓協会　来れ、沃土北海道へ　戦災を転じて産業再編成　☆
㊶件名　集団疎開者ノ〇〇〇受入本部ノ機構　＊
㊷北海道疎開者戦力化実施要綱（昭和二〇年五月三一日　次官会議決定）＊
㊸北海道集団帰農者受入要綱（案）＊
㊹疎開者収容見込調　＊
㊺北海道集団帰農者受入計画戸数　＊
㊻北海道集団帰農者受入事務取扱要領　＊
㊼北海道集団帰農者案内　北海道庁　戦災者北海道開拓協会　＊
㊽（北海道新聞切抜〔断片〕＊日付欠落）記事名：本道に二〇万人疎開、戦災者の就農決る　☆
㊾農村疎開者受入応急措置要綱　北海道農業会　☆

あとがき

鍬とりて鋤とりて子等守らむと津軽の海を渡りては来ぬ　美唄入植・浅野正千代

なんという運命（さだめ）ぞ山も木も野分　豊頃入植・細谷源二

抜根のダイナマイトの偶発に父は左眼の視力失う　音更入植・佐方三千枝

これらは、米軍による大空襲によって焼け出され、着のみ着のままで北の大地に入植した人びとが、泥炭地や火山灰地で悪戦苦闘する様子を詠んだものである。

わたしは日本国憲法施行七〇年を迎える年に、横浜大空襲により空知支庁の長沼に入植した体験をもとに『拓北農兵隊』を纏め、自費出版した。

以下は、本書を出版するに当たっての動機である。


私たち兄弟姉妹四人が揃って北海道旅行へと初めて旅立ったのは、一九九五年の初夏であった。千歳空港上空から眺めた北の大地は緑一色で、トマムから阿寒湖を経て三泊四日の旅の最終日に、わが故郷・長沼を訪れることになっていた。この長沼へ一九四五年八月三日に初めて足を踏み入れた時から、すでに五年が経っていた。

泥炭地を汗水垂らして開墾したあの田んぼには、微風にのって稲が波打っているだろうか。家の前の小川には、あの美しい姿をしたウグイがいまも泳いでいるだろうか。敗戦の翌年に入学した国民学校・長沼第三小学校の校庭では、にぎやかに子どもたちが遊びまわっているだろうか。

皆それぞれの想いを抱いて訪れた東六線南四号の彼の地には、稲は一株もなく、見渡す限り雑草が生い茂っていた。小川には魚の姿は無く、小学校はすでに廃校になっていた。その後、幾度となくこの地を訪れたが、減反のためか〝故郷はいつも緑なりき〟であった。

これらの旅で、二人の姉に空襲で焼け出され、なぜ津軽海峡を渡ったのかについて、いろいろ話を聞いた。そして、この泥炭地での体験をもとに「拓北農兵隊」について調べ、いつか纏めてみたいものと思いめぐらしてきた。

ちょうど、戦後七〇年がいろいろと論議され始めた頃、私が子どものころ体験したB29による大空襲の被災者が、食糧も耕作地もあるという宣伝にだまされて北海道へ渡り、苦労した「拓北農兵隊」の全体像を明らかにしたものがないことがわかり、この開拓政策と入植者の苦労は歴史に残さなければならない、と思って取り組んだ。

しかし、悪戦苦闘の連続でもあった。幾度となく挫折しそうになったものの、士別に入植した友田多喜雄氏をはじめ先の詩を詠んだ入植者の方々などの体験記を集め、読み進むうちに、これはやはり是非とも纏めねばならないとの思は断ちがたく、どうにか出版にこぎ着けることができた。激寒の地で苦闘した体験記を書かれた人たちの、無言の後押しがあったればこその一冊である。


在職中お世話になった方々や友人・知人に本をお送りしたところ、想いも寄らぬ多くの人たちから感想や励ましの手紙をいただいた。心より御礼申し上げる。

また、本書の刊行により入植体験者との出会いを待ち望んでいた折、秩父別（ちっぷべつ）にかつて入植した佐藤水人里さんよりお便りをいただき、お会いすることもできた。佐藤水人里さんのお母さんは、入植後の無理な生活で身体を壊し、四年後に四二歳で医者にかけて貰えず、ただ死を待って逝った、とのこと。

「御著によって触発され、急に思い立って一人旅して来ました。雨竜郡秩父別町の現在、そして日勝美術館でのミサ子夫人との語らい等、お陰さまで平成を私なりに締めくくることが出来た気がいたします。

――秩父別にて

野菊咲く廃線近き無人駅

つがいのトンボあまた群れ飛ぶ

――帯広空港への道

原生林の上に満月耀ひて

地震（ない）の傷みか白樺光る

水人里」

そして過日、神田ミサ子さんからも神田日勝記念美術館を訪れた佐藤水人里さんより寄贈された本を読んで、鄭重なお手紙をいただいた。神田ミサ子さんは、農村青年団に入り、縁があって神田日勝と結婚することができ、今も倖せな毎日を送っておられるとのこと。

このお手紙の末尾の文面が、とても印象に残った。

「今の時代も同じですが、政府はいつも国民を外に置いているように思います。

おもてなし　あるのはいつも　裏ばかり

美砂呼

日勝もよく言っていました。〝自分の目で見た事だけを信じていればいい〟と」

本書の刊行にあたって、長沼町出身の野村崇氏（元北海道開拓記念館学芸部長）には『長沼町九十年史』など貴重な本の寄贈をはじめ、原稿へのアドバイスや道立図書館での文献調べなど、また、長沼町在住の木口敏雄氏にも多大なご支援・協力を得た。

旬報社で共に働いた佐方信一氏には、原稿段階から校正に至るまで大変お世話になった。彼の尽力により、友人の開高健記念館理事長永山義高氏から「名作紀行・ロビンソンの末裔――開高健・戦後開拓地再訪」のＤＶＤを賜り、開高健が執筆に至った動機を知ることもできた。闘病中の佐方さんとは「拓北農兵隊」をめぐっていろいろ文通をしてきたが、ＮＨＫの朝ドラ「なつぞら」を見ることなく逝去された。ご冥福を祈るばかりである。

この度も、旬報社社長木内洋育氏のご厚意により、「拓北農兵隊」が戦後「拓北農民団」となった項目を加筆・修正するなどして、ここに新たに刊行することができた。

皆様に厚くお礼申し上げる。

二〇一九年五月三日　憲法記念日に

石井次雄

著者紹介

石井次雄（いしい・つぎお）

1940年１月　横浜市に生まれる。45年５月29日の横浜大空襲により戦災集団疎開者となって北海道夕張郡長沼村へ。46年、長沼第三国民学校に入学し中学１年２学期まで在住。52年末横浜へ帰郷。

1958年横浜市立南高等学校を卒業後、明治大学法学部に入学。在学中は60年安保闘争やサークル仲間と三池争議にも参加。内藤功ゼミで労働判例を学び、沼田稲次郎著『運動のなかの労働法』に魅せられ出版元の労働旬報社の門を叩く。

1963年入社後、『労働法律旬報』の編集をはじめ、社会・労働、安保・沖縄、社会保障・医療・福祉部門を担当。この間、「理論と実践」を重んぜられた今は亡き沼田稲次郎・若月俊一・岡倉古志郎・一番ヶ瀬康子・中山和久先生に出会い、諸先生の著作の刊行に携わった。

1997年旬報社と社名変更した同社を2002年退社。

現住所　〒232-0066　横浜市南区六ツ川1-419-3

拓北農兵隊《たくほくのうへいたい》

戦災集団疎開者が辿った苦闘の記録

2019年7月5日　初版第1版発行

著　者——石井次雄

装　丁——石井知哉、佐藤篤司

発行者——木内洋育

発行所——株式会社旬報社

〒162-0041　東京都新宿区早稲田鶴巻町544　中川ビル4F
電話 03-5579-8973　FAX 03-5579-8975
ホームページ http://www.junposha.com/

印刷製本——シナノ印刷株式会社

ISBN978-4-8451-1599-0